CHANGECANVAS

DIESES BUCH BASIERT AUF DEM GEDANKENGUT VON

TEN HAVE CHANGE MANAGEMENT

TEN HAVE CHANGE MANAGEMENT

CHANGECANVAS

DIE VISUELLE METHODE FÜR ALLE, DIE AN ORGANISATIONSVERÄNDERUNGEN ARBEITEN

Anne-Bregje Huijsmans

Lisa van Rossum

Sjoerd Segijn

Kim Grinwis

Wouter ten Have

Folgende Kolleginnen und Kollegen bei TEN HAVE Change Management haben zum Zustandekommen dieses Buchs beigetragen:

Steven ten Have, Carlijn Nelis, Stefan Smit, Ton Speet, Roos Veneman, Cornell Vernooij und Maxime van Winden

2019

Schäffer-Poeschel Verlag Stuttgart

Bibliografische Information der Deutschen Nationalbibliothek

Die Deutsche Nationalbibliothek verzeichnet diese Publikation in der Deutschen Nationalbibliografie; detaillierte bibliografische Daten sind im Internet über http://dnb.dnb.de abrufbar.

Print: ISBN 978-3-7910-4486-6 Bestell-Nr. 10329-0001
ePDF: ISBN 978-3-7910-4487-3 Bestell-Nr. 10329-0150

TEN HAVE Change Management
Change Canvas
1. Auflage, August 2019

Die Originalausgabe erschien unter dem Titel »VeranderCanvas« bei Management Impact.

Management Impact gehört zu Vakmedianet.
Verlagsredaktion: Piet Hugen

Illustrationen: Shirley Warlich, visenchips.com

www.schaeffer-poeschel.de
service@schaeffer-poeschel.de

Produktmanagement: Dr. Frank Baumgärtner
Übersetzung: Sandra Kötzle, Berlin

Schäffer-Poeschel Verlag Stuttgart
Ein Unternehmen der Haufe Group

Vorwort zur Originalfassung

Mit dem vorliegenden Buch und der Entwicklung des Change Canvas wollen wir einen besseren Zugang zum Fachgebiet Change Management bieten. Die inhaltliche Grundlage für das Change Canvas geht auf das von uns entwickelte Veränderungskraft-Modell (Veranderkrachtmodel) zurück – ein Modell, das in der Veränderungsarbeit richtungsweisend ist und bei einer Vielzahl unterschiedlichster Organisationen in der Praxis erfolgreich eingesetzt wurde. Als Grundlage für die Entwicklung unseres Gedankenguts, das unter anderem auf das Veränderungskraft-Modell und nun auf das Change Canvas übertragen wurde, dienten unter anderem zahlreiche von uns durchgeführte und vielfach veröffentlichte Studien. Sie schaffen ein solides Fundament für das Fachgebiet Change Management. Das vorliegende Buch vereint dieses (akademische) Wissen mit unserer Praxiserfahrung im Bereich komplexer Veränderungsproblematiken.

Change Canvas haben wir für all diejenigen verfasst, die durchdacht an Organisationsveränderungen arbeiten wollen. Es ist das Ergebnis einer Entwicklung, in der verschiedene Fassungen aufeinanderfolgten. Deren Prüfung bei Auftraggebern, Fachkollegen und Studierenden hat immer wieder zu neuen Erkenntnissen geführt. Für das Zustandekommen dieses Buchs haben wir auch selbst einen Veränderungsprozess durchlaufen, um dahin zu kommen, wo wir jetzt stehen. Dabei hatten wir stets unser Ziel klar vor Augen: den Zugang zu unserem erworbenen Wissen und dem (manchmal nicht greifbaren) Fachgebiet Change Management zu verbessern. Das Ergebnis ist das vor Ihnen liegende Buch. Wir hoffen, dass viele das Buch mit Freude lesen, mithilfe des Change Canvas durchdacht an Veränderungen arbeiten und mit der Organisation, der Abteilung oder dem Team nachhaltige Ergebnisse erzielen werden.

Change Management entwickelt sich stets weiter. Auch wir lernen Tag für Tag Neues über das Fachgebiet, beobachten die sich vollziehenden Entwicklungen und forschen weiter. Bitte teilen Sie uns Ihre Erfahrungen, Ihr Feedback und Ihre Vorschläge mit. Für Materialien, Kommentare oder bei Fragen besuchen Sie bitte die Website www.veranderkracht.com.

Wir sind dankbar, dass wir für dieses Buch aus unserer Interaktion mit Auftraggebern, Fachkollegen, Wissenschaftlern und Studierenden schöpfen konnten. Unter anderem dank dieser Kooperationsverbünde entwickelt sich das Fachgebiet Tag für Tag weiter. Zwei Personen, die wir an dieser Stelle erwähnen möchten, sind Suzanne van Nieuwenhuijzen und Caroline Brouns. Ihnen sind wir besonders dankbar für das äußerst sorgfältige Mitlesen des Buchs und ihre kritische Reflexion aus der Praxisperspektive. Das Buch ist dadurch besser geworden.

Es gibt keinen Grund, nicht das Beste zu geben, wenn der Vorsatz oder die Notwendigkeit vorhanden ist, eine Veränderung durchzuführen. Dieses Buch kann dabei hilfreich sein. Wir wünschen allen Lesern und Nutzern dieses Buchs eine schöne „Veränderungsreise".

Anne-Bregje Huijsmans, Lisa van Rossum, Sjoerd Segijn, Kim Grinwis und Wouter ten Have

INHALT

Besteht der Wunsch oder die Notwendigkeit, in Ihrer Organisation etwas zu verändern?

Ja/Nein

Möchten Sie durchdacht an der Umsetzung dieser Veränderung arbeiten?

Ja/Nein

Haben Sie beide Fragen mit „Ja“ beantwortet? Dann kann Ihnen dieses Buch weiterhelfen!

Es wird sich in Ihrer Organisation etwas verändern. In diesem Fall ist es wichtig zu klären, warum dies wünschenswert oder notwendig ist, was sich genau verändern wird und wie Sie dies am besten erreichen können. Das Change Canvas bietet Unterstützung bei der strukturierten Beantwortung dieser Fragen, sodass durchdacht an der Veränderung in Ihrer Organisation gearbeitet werden kann.

Einführung

In vielen Organisationen finden regelmäßig Veränderungen statt. Einige Beispiele sind Strategie- und Strukturänderungen oder Verhaltensänderungen von Mitarbeitern. Ziel solcher Veränderungen ist stets, die Leistungen der Organisation und ihrer Mitarbeiter zu verbessern, damit die Organisationsziele erreicht werden.

Erfolgreiche Veränderungen kommen meist nicht von alleine. Es ist wichtig, die Veränderung zu durchdenken, gezielte Maßnahmen zu ergreifen und durch kontinuierliche Evaluation und stetes Lernen auf das gewünschte Ergebnis hinzusteuern.

Dieses Buch bietet Unterstützung bei der durchdachten Arbeit an Organisationsveränderungen. *Durchdachte Veränderungen* beginnen mit einer bewussten Intention: Sie *müssen* oder *wollen* aus einer Notwendigkeit oder Absicht heraus etwas verändern. Sie haben ein Bild von den Ergebnissen, die diese Veränderung erbringen soll, oder möchten sich dieses Bild verschaffen. Um dies zu erreichen, wollen Sie strukturiert vorgehen. Nahezu alle Organisationen arbeiten regelmäßig an Veränderungen, aber dies geschieht nicht immer durchdacht. Wir sind der Überzeugung, dass man erst nach einer sorgfältigen Diagnose an einer Veränderung arbeiten kann. Welches spezifische Problem wollen Sie lösen? Auch ein Arzt beginnt keine Behandlung, ohne festgestellt zu haben, was dem Patienten fehlt. Auch bei Organisationen gilt, dass man erst dann konkrete Pläne entwickeln und Aktivitäten durchführen kann, wenn man weiß, was genau man verändern will, und – noch wichtiger – wenn durch das Stellen einer Diagnose bekannt ist, welche Einstellung die Organisation in Bezug auf die Veränderung hat. Erst dann kann man als Organisation ermitteln, an welchen Themen gearbeitet werden muss, um die Veränderung erfolgreich umzusetzen. Daher bildet die Diagnose den Kern des Change Canvas. Die zentrale Stellung der Diagnose im Change Canvas ermöglicht die Konzipierung und strukturierte Durchführung eines durchdachten Veränderungsprozesses. Während der Durchführung müssen ständig das Umfeld, die Organisation und die Menschen im Blick behalten werden, da sie immer in Bewegung sind. Daher ist es entscheidend, kontinuierlich den Stand der Veränderung zu verfolgen und gezielt auf Signale aus der Organisation zu reagieren. Dies ermöglicht außerdem, frühzeitig zu lernen und in der weiteren Planung des Veränderungsprozesses Anpassungen vorzunehmen. Für das Stellen der Diagnose nutzen wir das Veränderungskraft-Modell, das dieses Buch wie ein roter Faden durchzieht.

> Menschen in Organisationen neigen dazu, überstürzt Lösungen zu suchen, ohne dass die Frage danach geklärt ist, welches Problem genau gelöst werden muss. Solche Lösungen stellen dann nur eine Symptombekämpfung dar, und die tatsächliche Problemursache wird nicht oder unzureichend beseitigt. Ein gutes Beispiel ist das Phänomen einer chronischen Erkältung: Behandelt man die Erkältung zur Beruhigung der Nasenhöhlen mit einem (Nasen-)Spray, wird dies vielleicht eine vorübergehende Erleichterung verschaffen, aber das tatsächlich zugrunde liegende Leiden – zum Beispiel eine Allergie – wird damit nicht behandelt.

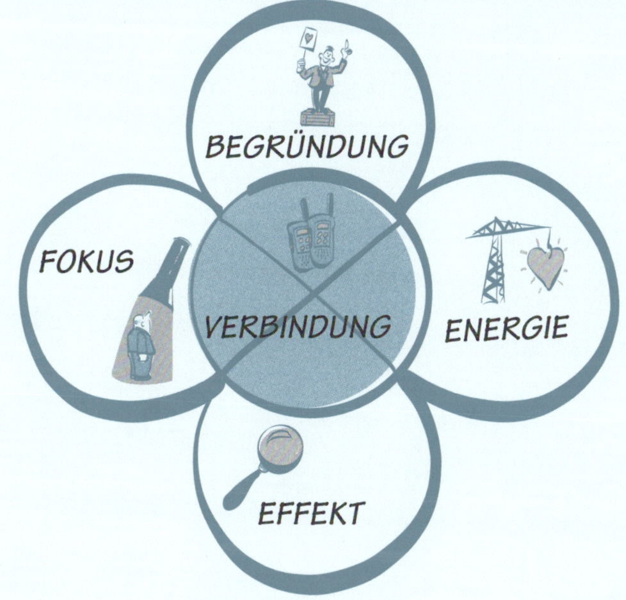

Abbildung 0.1 Das Veränderungskraft-Modell (ten Have/ten Have/Huijsmans/van der Eng 2013)

CHANGECANVAS

VERÄNDERUNGS-
IDEE
KONTEXT
DIAGNOSE
AN DIE ARBEIT!

1 Organisationsveränderung

Organisationsveränderung

Eine Einführung in die wunderbare Welt der Veränderung in Organisationen

Es ist wichtig, aufmerksam und proaktiv zu sein, um erfolgreich zu sein und zu bleiben. Wie kann ich Kunden noch besser bedienen? Was erwarten Klienten heute von meinem Dienstleistungsangebot? Was muss ich tun, damit ich den Vorsprung gegenüber meinen Konkurrenten halten kann? Eine Organisation[1] wird sich immer wieder anpassen müssen, um zu überleben; manchmal aus einem Wunsch aber manchmal auch aus einer Notwendigkeit heraus. Das bezeichnen wir als Organisationsveränderung[2]. Anlass für eine Veränderung kann alles Mögliche sein, von einer Gesetzesänderung bis hin zum Aufkommen einer technologischen Innovation oder dem Wunsch einer Gruppe von Mitarbeitern, ihrer Organisationseinheit mehr Geltung zu verschaffen. Veränderungen unterscheiden sich auch hinsichtlich ihrer Art und ihres Umfangs. Mit einer Arbeitsplatzumgestaltung sind z. B. andere Erfordernisse verbunden als mit der Fusion dreier Organisationen.

Den Anschluss verloren

Im Folgenden werden zwei Beispiele für Organisationen gezeigt, die untergegangen sind, weil sie sich nicht im richtigen Moment, mit der richtigen Geschwindigkeit und auf die richtige Art und Weise anpassen konnten, und denen deshalb keine erfolgreiche Veränderung gelungen ist.

BEISPIEL 1

Abbildung 1.1

Die von der Zeit eingeholte Kamera

Das Unternehmen Eastman Kodak, gegründet 1888, brachte die Fotokamera in nahezu jeden amerikanischen Haushalt. Es war auch einer der Pioniere bei der Entwicklung der Digitaltechnologie. Trotzdem setzte Kodak, während der Rest der Welt digitalisierte, weiterhin stark auf den Verkauf analoger Kameras, insbesondere in Wachstumsmärkten wie China und Indien. Dort war jedoch schon nach kurzer Zeit ein ebenso starker Verkaufsrückgang zu verzeichnen wie in den USA und Europa. Kodak wurde von der Konkurrenz eingeholt und die Stellung des Unternehmens verschlechterte sich rasant. Letztlich stellte Kodak 2012 notgedrungen seine Aktivitäten im Bereich Fotografie ein.

BEISPIEL 2

Abbildung 1.2

Das Unvorstellbare geschah: Das größte Kaufhaus der Niederlande meldete im Dezember 2015 Insolvenz an

Die Entscheidung ist gefallen: V&D ist endgültig insolvent. Schlechte Neuigkeiten so kurz vor dem Jahreswechsel für die über 10.000 Mitarbeiter des niederländischen Kaufhauses. Doch die Insolvenz schien unvermeidlich. Warum? Hauptursachen für den uneinholbaren Rückstand von V&D in entscheidenden Bereichen schienen das zu lange Verharren im mittleren Segment zu sein, wo die internationale Konkurrenz zu stark war, sowie das Ausbleiben klarer strategischer Entscheidungen (wer gehört zu unserer spezifischen Zielgruppe und was – uns Auszeichnendes – bieten wir ihr an?)

1 „Organisation" kann auch durch die Begriffe „Abteilung" oder „Team" ersetzt werden.
2 In diesem Buch verwenden wir sowohl den Begriff „Organisationsveränderung" als auch den Begriff „Veränderung" für die Aufgabe(n), vor denen die Organisation steht.

WORUM GEHT ES EIGENTLICH BEI EINER VERÄNDERUNG?

Bevor man mit der Durchführung von Veränderungen beginnt, sollte man klar vor Augen haben, warum man eine Veränderung will, was tatsächlich verändert werden muss und wie sich dies am besten verwirklichen lässt. *Denn ohne Anlass kann es keine Veränderung geben, ohne Diagnose kein Konzept und ohne Konzept kein Ergebnis.* Wir werden unsere Vorstellung von erfolgreichem Verändern aus verschiedenen Blickwinkeln erläutern. Diese Betrachtungsweise bildet die Grundlage für das Change Canvas.

Wunsch oder Notwendigkeit?

Im Grunde ist es einfach: Sie haben vor, sich von A nach B zu bewegen. Oder: Die derzeitige Situation unterscheidet sich von der gewünschten Situation. Die ersten Fragen, die aufkommen, lauten: Warum ist die derzeitige Situation nicht mehr passend und die gewünschte besser? Welche Probleme, die Sie jetzt wahrnehmen, würden in der neuen Situation gelöst sein? Welche Chancen werden dann genutzt? Veränderungen können aus einem Wunsch oder einer Notwendigkeit heraus erfolgen. Es kann sein, dass man ein neues Produkt auf den Markt bringen will, oder aber, dass eine Gesetzesänderung Anpassungen in der Organisation erforderlich macht. Manchmal müssen Organisationen einer technologischen Entwicklung folgen, um mit der Konkurrenz mitzuhalten, oder sie sind vielleicht selbst Visionäre und werden als Erste auf dem Markt diese Technologie entwickeln. All dies sind Gründe für Organisationsveränderungen.
Es ist wichtig, dass Sie im Vorfeld der Veränderung diese Warum-Fragen sorgfältig formulieren und beantworten. Sie werden nachweisen müssen, dass der für die Veränderung notwendige Aufwand einen Beitrag zu dem von Ihnen Angestrebten. Erst dann werden sich auch andere dafür erwärmen.

„Im Idealfall müsste die Nullhypothese zu einem Veränderungsprozess lauten, dass eine Veränderung nicht notwendig ist. Damit liegt die Beweislast bei denjenigen, die verändern müssen. So wird automatisch eine eingehende Analyse der Gründe für die Veränderung erforderlich."

(Van Witteloostuijn. Aus: ten Have/ten Have, 2004)

Plan ja, Ergebnis nein

Viele Organisationen sind gut darin zu ermitteln, was verändert werden muss. Oft gelingt ihnen auch die Aufzeichnung in gründlichen Berichten oder die Veranschaulichung in schönen Powerpoint-Präsentationen. An Plänen mangelt es also nicht. Doch dann erweist es sich als schwierig, sich in Bewegung zu setzen und den Plan tatsächlich zu verwirklichen. Pläne werden nicht – oder nur teilweise – umgesetzt und landen letztlich im Schrank neben all den anderen Berichten über vergleichbare Ambitionen. Die gewünschten Effekte bleiben aus. Obwohl es natürlich auch positive Beispiele gibt, werden viele diese Situation wiedererkennen.

GESCHÄFTSFÜHRUNGEN DENKEN SECHS MONATE LANG ÜBER DIE STRATEGIE NACH. SIE NEHMEN SICH SECHS WOCHEN ZEIT, SIE ZU PAPIER ZU BRINGEN. IN SECHS TAGEN ÜBERZEUGEN SIE DIE FÜHRUNGSKRÄFTE. IN SECHS STUNDEN WERDEN DIE MITARBEITER DARÜBER INFORMIERT. DIESE HABEN SECHS MINUTEN ZEIT, DAS GANZE ZU VERSTEHEN, UND SECHS SEKUNDEN, UM FRAGEN ZU STELLEN. WEN WUNDERT ES, DASS NICHT DAS GESCHIEHT, WAS SICH DIE UNTERNEHMENSSPITZE VORSTELLT?

Entscheidend ist das Stellen einer Diagnose

Wurde eine Veränderung beschlossen, so scheint es, als müsse sie nur noch umgesetzt werden. Doch der Schein trügt. Eine Veränderung besteht aus drei Phasen, die kontinuierlich – aber nicht immer in gleicher Reihenfolge oder mit den gleichen (Zeit-)Investitionen – durchlaufen werden:

1. Diagnose
2. Konzept
3. Implementierung

Das Stellen der richtigen Diagnose ist entscheidend und verhindert, dass an den falschen Dingen gearbeitet wird. Dennoch wird gerade diese Phase bei Veränderungen in Organisationen oft übersprungen. Projekte sind bereits erdacht und entworfen, ohne dass klar ist, welche Probleme genau gelöst werden müssen. Anders formuliert: In vielen Fällen bewegt man sich zwischen Konzept und Implementierung hin und her und nachhaltige Ergebnisse bleiben dann oft aus. Eine gute Diagnose bringt die tatsächlichen Hindernisse ans Licht und bietet Ansatzpunkte für die gezielte Arbeit an der vorliegenden Fragestellung mit der Organisation. Daher steht das Stellen der Diagnose beim Change Canvas im Mittelpunkt. Dadurch sind Sie nach dem Ausfüllen des Change Canvas in der Lage, die richtigen Schritte in Richtung eines Veränderungskonzepts und der Durchführung der passenden Aktivitäten zu unternehmen. Dieser Prozess der durchdachten Veränderung ist nie abgeschlossen: Es kann jederzeit erforderlich sein, eine neue Diagnose zu stellen, das Konzept anzupassen oder Korrekturen an der Implementierung vorzunehmen. Denn Welt, Menschen und Organisationen kann man nicht immer nach eigener Vorstellung gestalten.

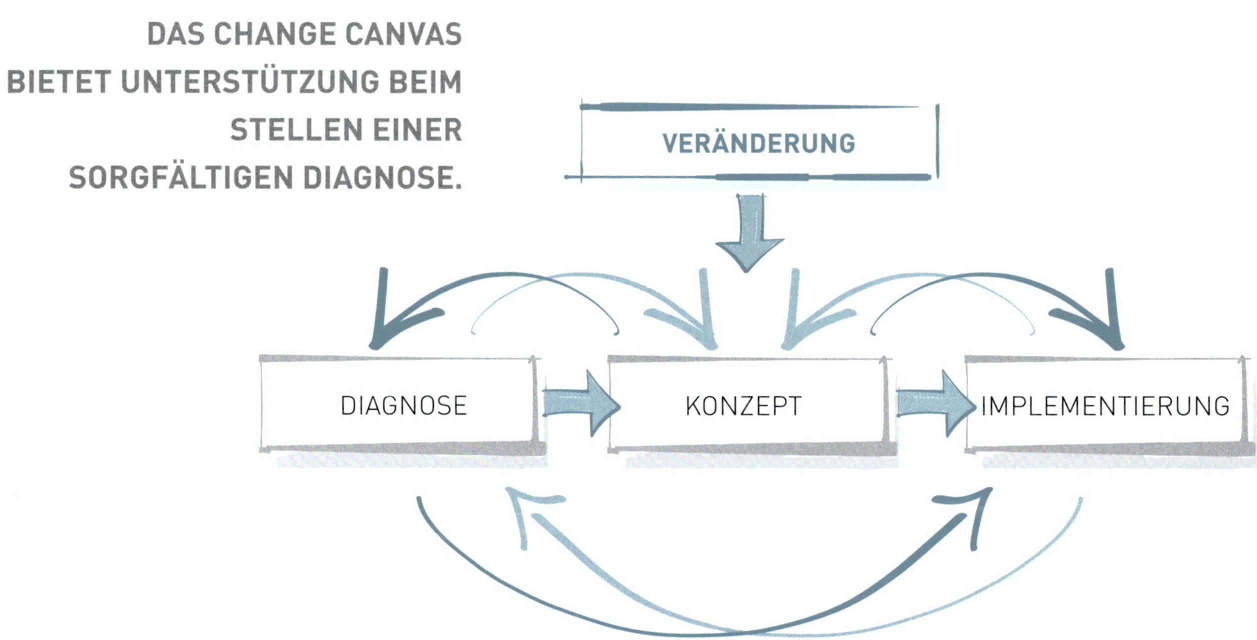

Abbildung 1.3

Eine Veränderung besteht aus drei Phasen, die kontinuierlich, aber nicht immer in gleicher Reihenfolge oder mit den gleichen (Zeit-)Investitionen durchlaufen werden

Misslingen 70 % der Veränderungen?

Wie viele Organisationsveränderungen misslingen eigentlich? Viele. Zumindest erzählen uns das Managementgurus und Beratungsunternehmen. In verschiedenen Publikationen und auf diversen Websites wird behauptet, 70 % der Organisationsveränderungen misslängen. Diese Vorstellung, die sich hartnäckig hält, bedarf einer gewissen Differenzierung. „Organisationsveränderung" ist ein Sammelbegriff für viele Arten von Veränderungsaufgaben. Aus spezifischeren Untersuchungen geht hervor, dass beispielsweise Strategieimplementierungen eine Erfolgsrate von 58 % haben, während bei Kulturveränderungen in nur 20 % der Fälle der angestrebte Effekt erzielt wird. Viele stehen der Arbeit an Organisationsveränderungen skeptisch gegenüber. Dieses gilt es zu berücksichtigen.

„Viele Managementgurus und Beratungsunternehmen behaupten fälschlicherweise, 70 % der Organisationsveränderungen misslängen. Untersuchungen weisen aus, dass dies eine nicht fundierte pauschale Annahme ist."

(Aus: ten Have/ten Have/Huijsmans/Otto 2016)

GEHEN SIE NACH DEM GRUNDSATZ „VON GROB NACH FEIN" VOR, WECHSELN SIE FLEXIBEL ZWISCHEN RECHERCHE UND DURCHFÜHRUNG UND GEHEN SIE VERÄNDERUNGEN NICHT SO SCHNELL AN WIE EIN PROJEKT.

Beginnen wir schon mit der Durchführung oder müssen wir noch planen?

Wie ein Veränderungsprozess organisiert wird, hängt stark vom Charakter der Veränderung und der Phase ab, in der sich die Veränderung gerade befindet. Wenn Problem, Arbeitsweise und gewünschtes Ergebnis bereits bekannt sind, können Sie einen sogenannten Durchführungsprozess einleiten und diesen beispielsweise wie ein Projekt organisieren. Da Sie wissen, woran Sie arbeiten müssen, lassen sich mit einer solchen Vorgehensweise schnell Ergebnisse verbuchen. Sind Problem, Arbeitsweise und gewünschtes Ergebnis (noch) nicht geklärt, sind zunächst ein Suchprozess und die Wahl einer dazu passenden Vorgehensweise erforderlich. In der Praxis wird der Suchprozess – genau wie das Stellen einer Diagnose – oft übersprungen und es werden Veränderungen zu schnell „in eine Projektform gegossen". Organisationsveränderungen sind dynamisch und erfordern in den meisten Fällen den Wechsel zwischen Such- und Durchführungsprozessen.

Auf harte und weiche Elemente achten

Oder wie Peter Drucker es formuliert: *„Culture eats strategy for breakfast (or lunch)"*. Wir sprechen lieber von Verhalten als von Kultur. Denn Kultur tut nichts, Menschen tun etwas. Das Zitat illustriert jedoch anschaulich, dass es für eine erfolgreiche Veränderung erforderlich ist, sowohl an „harten" als auch an „weichen" Elementen zu arbeiten. So hat eine Strategie nicht nur schlüssig zu sein, sondern muss die Menschen, die sie anwenden sollen, auch ansprechen. Denn erst dadurch wird Unterstützung für eine Veränderung mobilisiert. Wenn man an Verhaltensänderungen arbeitet, reichen „weiche" Aktivitäten wie Gespräche über gemeinsame Werte allein nicht aus; das gewünschte Verhalten lässt sich auch mit „harten" Leistungsindikatoren fördern, anhand derer beurteilt wird. Kombination und gegenseitige Stärkung von *harten* und *weichen* Elementen betrachten wir als eine mit erfolgreichen Veränderungen untrennbar verbundene Voraussetzung, und sie ziehen sich daher auch wie ein roter Faden durch das Canvas.

Persönliche Präferenzen und Hypes

Nicht immer wird dem Kontext der Fragestellung und der Organisation Rechnung getragen: Organisationen, die im gleichen Bereich tätig sind, haben *Selbststeuerung* eingeführt – dann lasst uns das doch auch tun. Oder: In der Organisation, in der ich früher arbeitete, war *Lean Management* ein Erfolg – deshalb werden wir das jetzt auch hier einführen. Wichtig ist, sich nicht zu stark von persönlichen Präferenzen, erfolgreichen Implementierungen in anderen Organisationen oder Hypes leiten zu lassen. Es ist besser, sorgfältig zu untersuchen, was in der eigenen Situation wirklich notwendig ist und funktionieren kann oder bereits funktioniert. Dabei kann man sich natürlich trotzdem gezielt die Erfahrungen anderer zunutze machen. Was funktioniert und was nicht, ist immer stark vom Kontext der eigenen Organisation abhängig. Ferner ist eine Fülle von wissenschaftlichen Studien verfügbar, die wertvolle Informationen zu der Frage enthalten, was möglicherweise funktionieren könnte und was nicht. Relevante und genaue wissenschaftliche Erkenntnisse anzuwenden, ist für viele, die an Veränderungen arbeiten, eine große Herausforderung. Man orientiert sich intuitiv lieber an populären Ideen, Konzepten und Annahmen, die unzureichend geprüft oder fundiert sind, zum Beispiel auch der Annahme, 70 % der Veränderungen misslängen. Deshalb sollten Sie, wenn Sie an einer Veränderung arbeiten, nicht nur Ihre eigene Erfahrung, Präferenz oder Überzeugung oder die anderer als Entscheidungsgrundlage heranziehen, sondern auch sorgfältig den Kontext der Organisation, die Werte und Interessen der Stakeholder und die wissenschaftliche Forschung betrachten. Die Kombination dieser vier Blickwinkel bildet die Basis für evidenzbasiertes Veränderungsmanagement. Wie dieses genau funktioniert, wird in Kapitel 5 näher erläutert.

Ganzheitlicher Ansatz

In vielen Organisationen verfolgt man gleichzeitig verschiedene Veränderungsinitiativen. Sie werden längst nicht immer von einer Stelle aus koordiniert oder aufeinander abgestimmt: Die lokale Personalabteilung beginnt mit einem Führungsprogramm, das nicht zu den neuen Leistungsindikatoren der Finanzabteilung passt. Es kommt auch vor, dass nur von einem Bereich ausgehend argumentiert wird: Die Logistikabteilung funktioniert nicht ordnungsgemäß und deshalb werden wir die gesamte Organisation umgestalten. Manchmal werden Fragestellungen nur von der harten oder aber weichen Seite aus angegangen: Der Business Case ist schlüssig. Warum machen wir uns dann nicht an die Arbeit? Das sind typische Beispiele, bei denen es zwischen Veränderungen, Organisationseinheiten und Personen an Kohärenz und Konsistenz fehlt. Bei Organisationsveränderungen ist jedoch eine ganzheitliche Betrachtung entscheidend.

Die zuvor genannten Erkenntnisse zeigen die Bandbreite der möglichen Perspektiven bei der Betrachtung von Veränderungen in Organisationen auf. Diese Erkenntnisse wurden in das Change Canvas eingearbeitet, um Sie bei der erfolgreichen Umsetzung von Veränderungen zu unterstützen.

2 Change Canvas

Die vier Schritte des Change Canvas

Dieses Buch hilft allen, die sich mit Veränderungen beschäftigen, durchdacht zu verändern. Das Change Canvas umfasst vier Schritte:

1. Schritt: Veränderungsidee

Sie beginnen aus einem Wunsch oder einer Notwendigkeit heraus, etwas zu verändern.

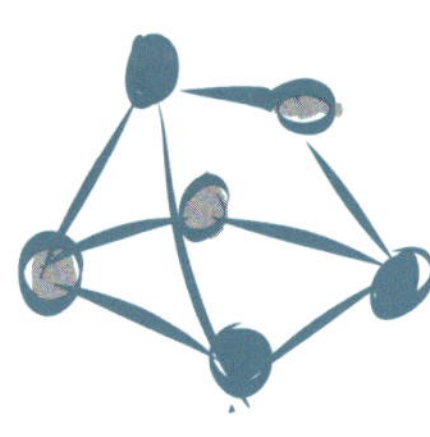

2. Schritt: Kontext

Dann ermitteln Sie, in welchem spezifischen Umfeld sich die Veränderung abspielt.

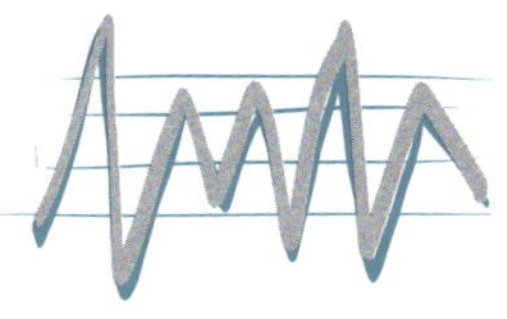

3. Schritt: Diagnose

Anschließend stellen Sie fest, was genau vorliegt und wo Sie gerade stehen.

4. Schritt: An die Arbeit!

Danach entwickeln Sie eine Vorgehensweise für die Umsetzung der Veränderungen.

Zwischenzeitlich evaluieren Sie und nehmen Sie Anpassungen vor, denn … Verändern ist keine exakte Wissenschaft!

CHANGECANVAS

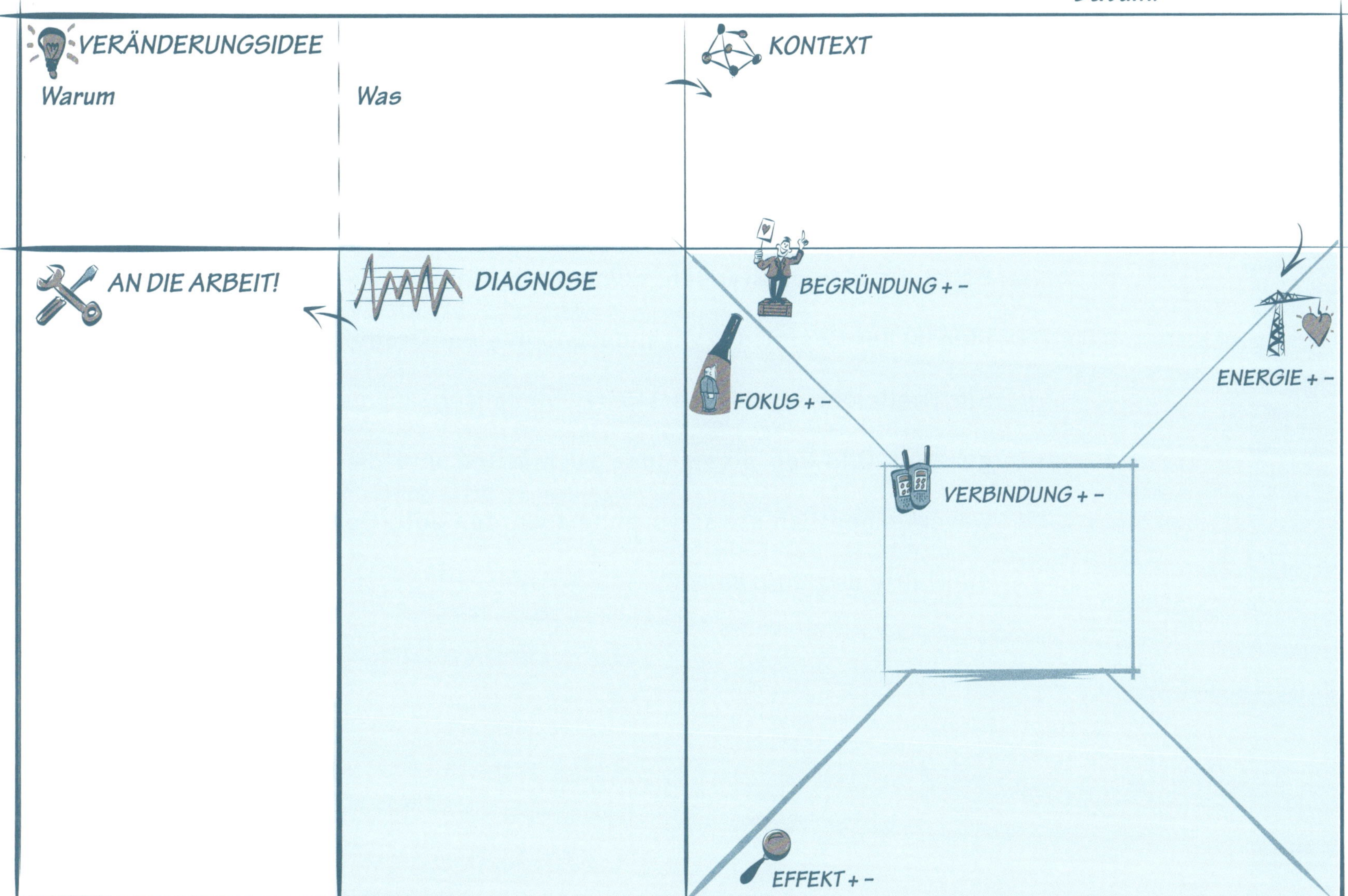

Abbildung 2.1 Das Change Canvas

1. Schritt: Veränderungsidee

Einblick in die Veränderung

Es ist etwas geschehen – in Ihrer Organisation, im Umfeld, in Ihrem Denken oder dem einer anderen Person innerhalb der Organisation. Es ist die Idee entstanden, etwas zu verändern. Diese Veränderungsidee ist der Beginn der Veränderung in einer Organisation. Doch bevor Sie (vielleicht etwas überstürzt) fortfahren, ist es wichtig, sich ein genaues Bild von dieser Idee zu machen und die Frage zu stellen, warum eigentlich etwas verändert werden soll. Denn: Der Anfang ist die Hälfte des Ganzen.

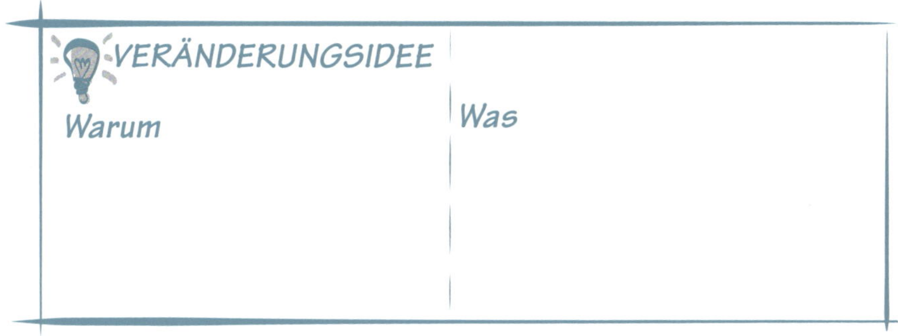

Abbildung 2.2 Die Veränderungsidee

WARUM WOLLEN SIE ETWAS VERÄNDERN UND WAS BEINHALTET DIESE VERÄNDERUNG?

Warum soll diese Veränderung stattfinden?

Wenn Sie der Ansicht sind, dass sich etwas ändern muss, ist es wichtig, zuerst das „Warum" der Veränderung, zu ermitteln; denn Veränderung ist kein Selbstzweck: Es muss einen Anlass und einen Zweck dafür geben. Die unterschiedlichsten sowohl innerhalb als auch außerhalb der Organisation stattfindenden Ereignisse können zu dem Wunsch oder der Notwendigkeit führen, eine Veränderung vorzunehmen. Der Anlass kann etwas Positives sein, zum Beispiel das Bestreben, ein innovatives Produkt zu entwickeln, aber auch etwas Negatives wie beispielsweise ein kritischer Prüfbericht. Beim „Warum" stellen Sie sich im Grunde die Frage: Welches Ziel will ich letztlich erreichen? Dabei kann es sich beispielsweise um eine gesetzliche Aufgabe, einen gesellschaftlichen Auftrag oder die Ambition der Organisation handeln. Es ist wichtig, das „Warum" gemeinsam zu ermitteln, da die Veränderung zur Verwirklichung des letztlichen Ziels der Organisation beitragen soll.

Was beinhaltet die Veränderung?

Wenn Sie wissen, warum Sie eine Veränderung wollen, können Sie die Veränderungsidee weiter verbessern. Es ist hilfreich, mit Kollegen zu besprechen, was zum Erreichen des Endziels nötig ist oder sich zu fragen, was die Veränderung beinhaltet. Es ist gut möglich, dass die Vorstellungen darüber in dieser Phase auseinandergehen. Umso wichtiger ist ein Austausch über diese Vorstellungen, bevor Sie die eigentliche Arbeit aufnehmen.

Veränderungen gibt es in verschiedenen Abstufungen; die einen sind grundlegender als die anderen. Oft liegt bereits in Grundzügen eine Idee vor, was zur Verwirklichung des Gewünschten oder Notwendigen erforderlich ist. Falls Klienten oder Kunden in einem sich verändernden Umfeld nur durch die Realisierung von Skaleneffekten weiterhin effektiv und effizient bedient werden können (letztliches Ziel der Organisation), kann die Veränderung eine Fusion beinhalten. Doch auch eine Kooperation zwischen zwei Organisationen, die Implementierung einer neuen Strategie, eine Reorganisation, eine Prozessoptimierung oder die Arbeit an der gewünschten Organisationskultur sind Beispiele für Veränderungen. Es ist übrigens durchaus denkbar, dass in einem späteren Stadium – zum Beispiel nach dem Stellen der Diagnose – eine inhaltliche Anpassung der Veränderung stattfindet. Die Diagnose erläutern wir im 3. Schritt.

KURZ GESAGT: FÜR EINE GUTE BESCHREIBUNG DER VERÄNDERUNGSIDEE SIND FOLGENDE FRAGEN ZU BEANTWORTEN:

- **Warum soll diese Veränderung stattfinden?**
- **Was beinhaltet die Veränderung?**

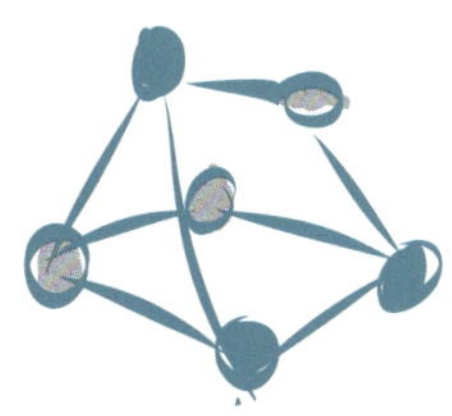

2. Schritt: Kontext

Das spezifische Umfeld, in dem die Veränderung stattfindet

Jede Veränderung spielt sich in einem bestimmten Kontext (oder Umfeld) ab, der ständig in Bewegung ist. Dieser Kontext kann für den Erfolg oder Misserfolg einer Veränderung entscheidend sein und ist daher zu berücksichtigen. Bei jeder Organisationsveränderung ist Maßarbeit gefragt. In großen, komplexen Organisationen ist bei Veränderungen eine andere Vorgehensweise erforderlich als in kleinen, überschaubaren. Im öffentlichen Sektor werden andere Anforderungen gestellt als in der Wirtschaft. Kurz gesagt: Jede Organisationsveränderung erfordert eine individuelle Ausgestaltung des Change Canvas.

Abbildung 2.4 Der Kontext, in dem die Veränderung stattfindet

Unterschiedliche Kontexte

Dass Selbststeuerung bei dem ambulanten Pflegedienst Buurtzorg ausgezeichnet funktioniert, bedeutet nicht automatisch, dass diese Organisationsform für jede Organisation (im Gesundheitswesen) ideal ist. Buurtzorg verfügt über spezifische Merkmale, die zum Erfolg dieses Steuerungsmodells geführt haben. Der Kontext von Buurtzorg lässt sich beispielsweise wie folgt beschreiben: eine starke Führungspersönlichkeit, höher qualifiziertes Personal und relativ überschaubare Dienstleistungen, die in der Nachbarschaft von kompakten Teams erbracht werden. Außerdem wurde Buurtzorg als neue Organisation aufgebaut. Anders ist die Situation beispielsweise in einer Organisation im Gesundheitswesen mit einer höchst komplexen Zielgruppe, einem sehr vielfältigen Angebot an Gesundheitsdienstleistungen und einer langen Geschichte von Mitarbeiterteams, die viel Anleitung und Unterstützung erhielten. Will man eine solche Organisation schnell und unerbittlich nach dem Buurtzorg-Modell mit Selbststeuerung umbauen, sind die Folgen nicht abzusehen. Da der Kontext der Organisation unzureichend berücksichtigt wird, ist die Gefahr groß, dass die Qualität der Gesundheitsdienstleistungen stark zurückgeht und die angestrebte Veränderung katastrophal verläuft.

DER UMBAU EINER BESTEHENDEN ORGANISATION ERFORDERT EINE ANDERE VORGEHENSWEISE ALS DER AUFBAU EINER NEUEN ORGANISATION.

Externe und interne Entwicklungen

Wichtig ist also eine gute Abstimmung der Veränderungsidee (1. Schritt) auf die Umstände und Entwicklungen innerhalb und außerhalb der Organisation, den Kontext (2. Schritt) zu erreichen. In welchem Umfeld oder Sektor befindet sich die Organisation und welche relevanten Entwicklungen vollziehen sich in diesem Umfeld? Um sich einen guten Überblick über die relevanten Entwicklungen im Umfeld zu verschaffen, können Sie das DESTEP-Modell[1] nutzen (Johnson/Scholes 1999). Die Bezeichnung ist ein Akronym, das sich aus den englischen Begriffen für sechs wichtige Aspekte zusammensetzt, anhand derer sich das Umfeld einer Organisation analysieren lässt: demografisch, ökonomisch, sozio-kulturell, technologisch, ökologisch und politisch-rechtlich.

Wichtig ist außerdem, sich ein Bild davon zu machen, was sich derzeit in der Organisation abspielt. Dabei geht es insbesondere um Angelegenheiten, die Einfluss auf die Veränderung haben können. Ein Beispiel sind die Auswirkungen der Vergangenheit auf die Art und Weise, wie die Mitarbeiter die Veränderung betrachten. Aussagen wie „Schon wieder eine neue Strategie? Letztes Mal hat es auch nicht geklappt." oder „Das ist schon die dritte Initiative in diesem

1 Im Original-Text: DEPEST-Model. In der deutschen Literatur auch als PESTEL-Analyse benannt (Anm. d. Redaktion).

Jahr; das ist wirklich zu viel!" sind durchaus denkbar und können nicht ignoriert werden. Eine wichtige Rolle für die Frage, wie sehr Menschen davon überzeugt sind, dass die Veränderung gelingen wird, spielen Erfahrungen aus der Vergangenheit und die momentane Auslastung.

Daher ist es bei Veränderungen ratsam zu untersuchen, welche relevanten Entwicklungen sich im Umfeld vollziehen und was sich in der Organisation (bereits) abspielt oder abgespielt hat.

Wichtige Stakeholder

Zum Schluss ist noch zu erwähnen, dass es innerhalb und außerhalb der Organisation Personen gibt, die ein Interesse am Gelingen der Veränderung haben oder möglicherweise von ihr betroffen sind. Diese Stakeholder können jederzeit einen positiven oder negativen Einfluss auf die Veränderung ausüben. Es ist entscheidend, dass Sie die wichtigsten Stakeholder, zum Beispiel Mitarbeiter und Kunden, während der Organisationsveränderung auf dem Laufenden halten und wissen, wie diese die Veränderung sehen, damit Sie beurteilen können, ob bei ihnen genügend Unterstützung für die Veränderung vorhanden ist. Tun Sie dies nicht, können Sie im weiteren Verlauf des Prozesses vom Widerstand bestimmter Personen und dem negativen Einfluss, den er auf die Veränderung hat, überrascht werden. Deshalb ist es ratsam, zu Beginn eine Bestandsaufnahme der Stakeholder zu erstellen und zu entscheiden, wie Sie mit ihnen umgehen wollen (Stakeholder-Management). Dabei können Sie unter anderem das Canvas zum Thema Umfeldmanagement (Canvas Omgevingsmanagement, de Lint/Kraassenberg/Benthem 2017) nutzen.

Der Einfluss der Stakeholder

Ein Sportverein hatte die Absicht, neue Sportplätze zu bauen, um die Mitgliederzahl erhöhen zu können. Zur Realisierung der gewünschten Erweiterung fanden zahlreiche Gespräche mit der Gemeinde und Anwohnern statt. Die Gemeinde war überzeugt und betrachtete es als Hauptvorteil, dass mehr Kinder aktiv Sport treiben könnten, und auch die Anwohner waren einverstanden, weil sich Störungen begrenzen ließen. In all diese Gespräche wurden jedoch die derzeitigen Mitglieder nicht genug einbezogen. Der Vereinsvorstand war der Einfachheit halber davon ausgegangen, dass die Mitglieder die Erweiterung auch gutheißen, und hatte ihre Perspektive kaum beachtet. Als Widerstand aufkam, weil die Mitglieder fürchteten, es könnte mit der geselligen Atmosphäre und der Niedrigschwelligkeit des Vereins vorbei sein, war der Vorstand vollkommen überrascht. Das Ergebnis: Die neuen Sportplätze wurden ein Jahr später als geplant gebaut, nach einem intensiven Prozess mit den derzeitigen Mitgliedern.

WICHTIG BEI DER DEFINITION DES KONTEXTS IST DIE BEANTWORTUNG DER FOLGENDEN FRAGEN:

- **Externe Entwicklungen:** In welchem Umfeld oder Sektor befindet sich die Organisation, die Abteilung oder das Team und welche relevanten Entwicklungen vollziehen sich dort?

- **Interne Entwicklungen:** Was geht in unserer Organisation, unserer Abteilung oder unserem Team vor, das möglicherweise die Veränderung beeinflusst?

- **Stakeholder:** Welche Personen und Organisationen müssen wir auf jeden Fall berücksichtigen, damit genügend Unterstützung erlangt wird?

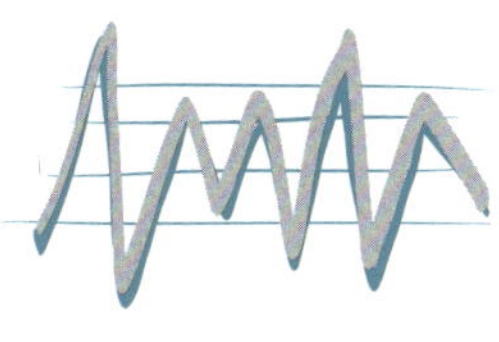

3. Schritt: Diagnose

Der Grad, in dem die Organisation zur Umsetzung der Veränderung in der Lage ist

Jetzt, wo die Veränderungsidee und der Kontext geklärt sind, ist es an der Zeit, sich intensiver der Veränderung zuzuwenden. Dies bezeichnen wir als das Stellen der Diagnose. Dieser wesentliche Schritt bildet den Kern des Change Canvas, denn bevor Sie für die Veränderung eine Vorgehensweise festlegen und Aktivitäten durchführen (4. Schritt), müssen Sie wissen, wo die Organisation genau steht, und sich ein Bild davon machen, woran Sie arbeiten müssen. Anhand der Diagnose können Sie ermitteln, ob die Organisation zur Verwirklichung der angestrebten Ziele in der Lage ist oder ob dafür noch einiges geschehen muss.

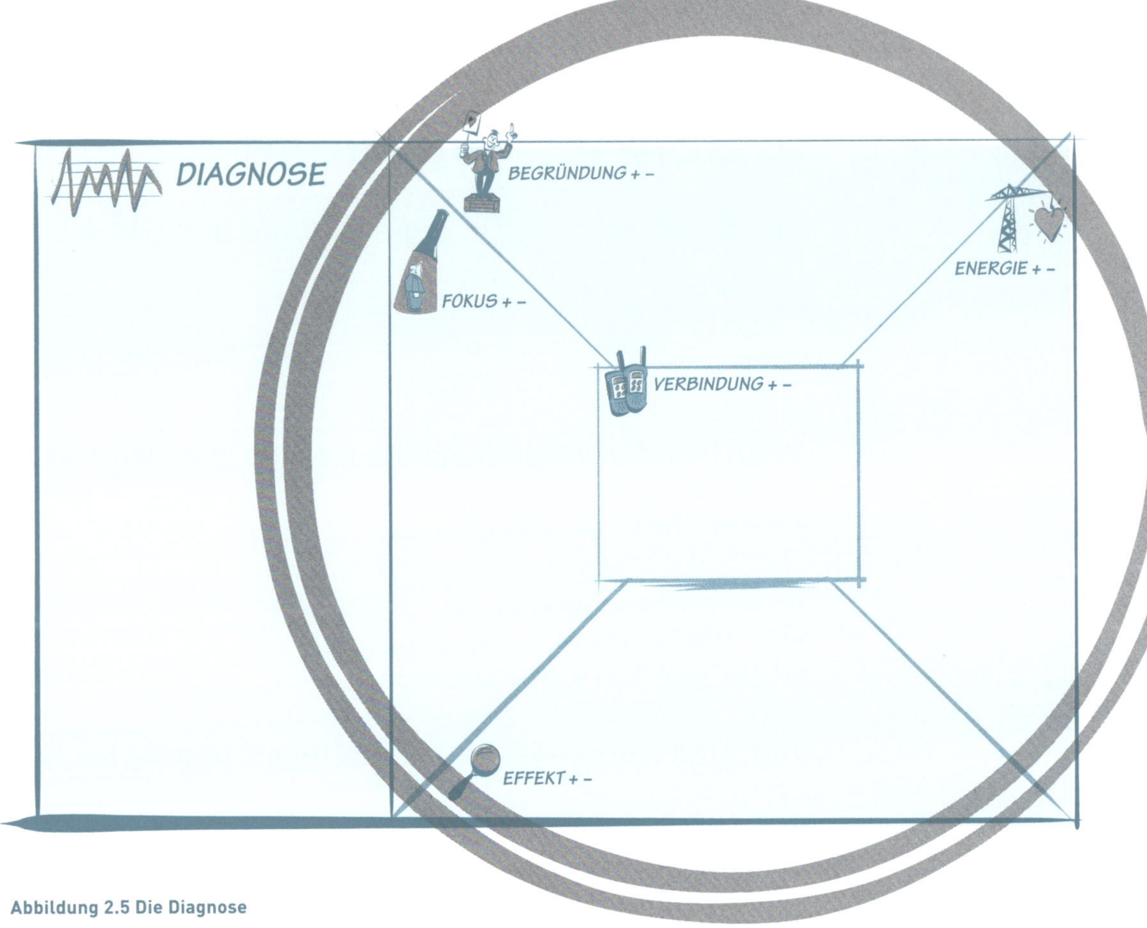

Abbildung 2.5 Die Diagnose

Für das Stellen der Diagnose verwenden Sie das Veränderungskraft-Modell (ten Have/ten Have/Huijsmans/van der Eng 2013). Dieses Modell umfasst fünf Faktoren, die Sie für eine erfolgreiche Umsetzung der Veränderung im Zusammenhang bewerten sollten. Sie erstellen eine Bestandsaufnahme der Dinge, die (bereits) gut funktionieren, sodass Sie darauf aufbauen können. Außerdem machen Sie ersichtlich, was (noch) nicht gut funktioniert, damit Sie gezielt daran arbeiten können. Das Ergebnis dieser Diagnose verwenden Sie im 4. Schritt „An die Arbeit!". Im Folgenden erläutern wir das Veränderungskraft-Modell.

Entscheidend ist die Diagnose

Ein Patient mit Herzbeschwerden wurde vom Hausarzt zu einem Kardiologen überwiesen. Der Kardiologe möchte verstehen, woher die Beschwerden kommen, und erfasst deshalb die Krankheitsgeschichte und führt eine körperliche Untersuchung des Patienten durch. Es stellt sich heraus, dass die Herzbeschwerden auf Verengungen der Blutgefäße zurückzuführen sind. Der Behandlungsplan umfasst einen Eingriff (Ballondilatation) und die Verschreibung von Medikamenten. So hätte der Behandlungsplan nicht ausgesehen, wenn der Kardiologe festgestellt hätte, dass es sich beispielsweise um stressbedingte Herzbeschwerden handelt. In Veränderungsprozessen ist die Betrachtungs- und Handlungsweise die gleiche. Die richtige Vorgehensweise hängt von einer guten Diagnose ab, die verdeutlicht, welches Problem gelöst werden soll und welche Lösung sich dafür am besten eignet.

DURCH DAS STELLEN EINER DIAGNOSE MACHEN SIE DIE VERÄNDERUNGSKRAFT IHRER ORGANISATION, IHRER ABTEILUNG ODER IHRES TEAMS ERSICHTLICH.

Veränderungskraft

Eine gemeinsame Sprache, damit der Organisationsveränderung Bedeutung verliehen wird

Es ist hilfreich, miteinander in der gleichen Sprache über die Veränderung sprechen zu können. Auch wenn Verändern schwierig und komplex ist, wird die Organisationsveränderung mit dem Veränderungskraft-Modell für alle verständlich. Das Modell unterstützt Sie dabei, gezielt und strukturiert über die Veränderung nachzudenken und die richtigen Aktivitäten dafür zu ermitteln[3].

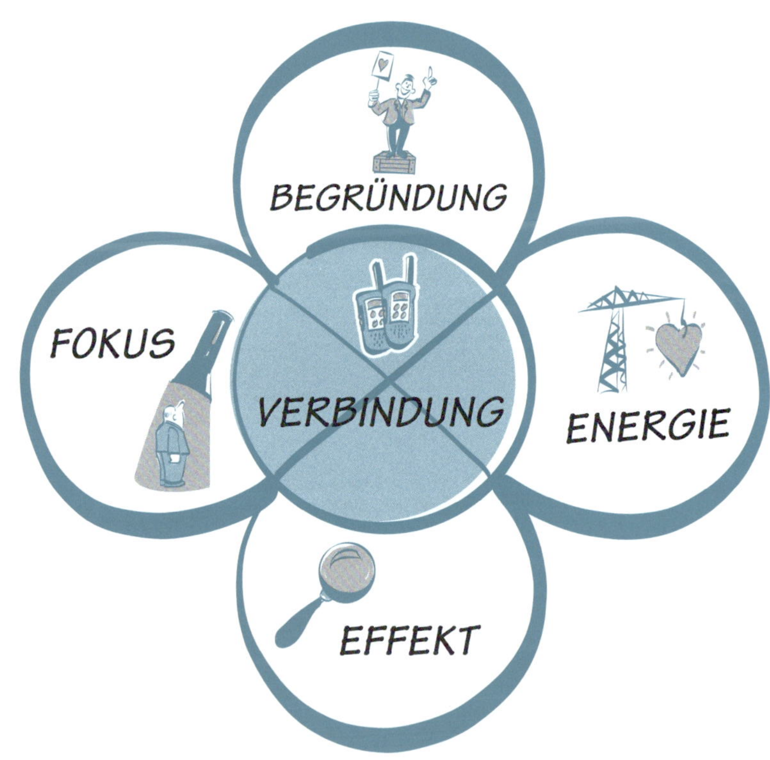

Abbildung 2.6 Das Veränderungskraft-Modell

Veränderungen sind dynamisch

Das Veränderungskraft-Modell besteht aus einer vertikalen und einer horizontalen Achse und hat in Anbetracht des Charakters von Veränderungsprozessen keinen klaren Anfangs- und Endpunkt. Die Organisation ist ständig in Bewegung: Der Kontext ändert sich, Ziele können angepasst und Ressourcen anders verteilt werden.

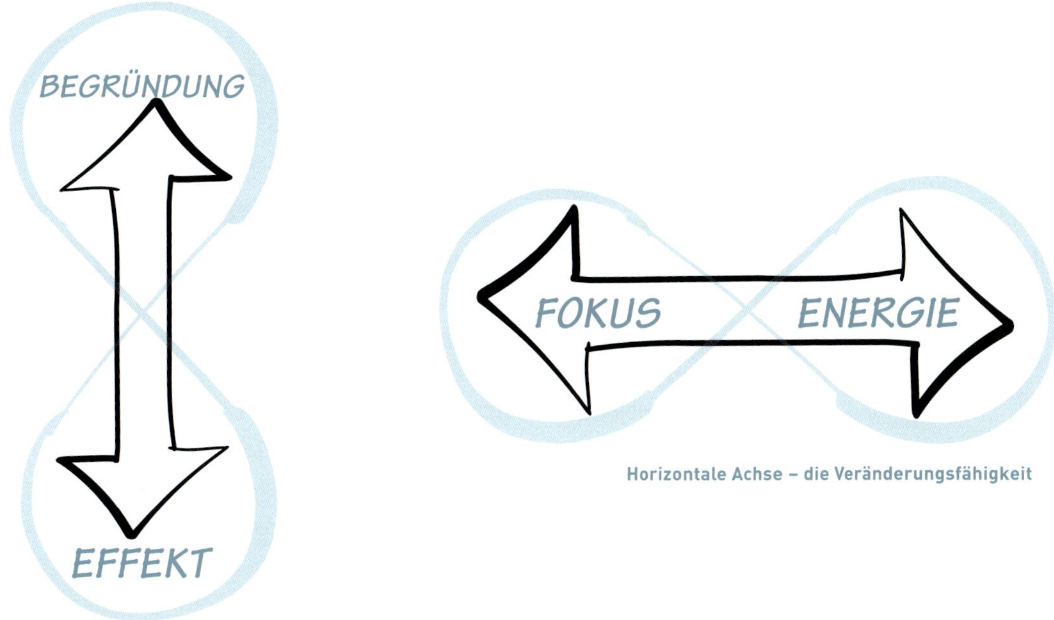

Abbildung 2.7 Die Dynamik des Veränderungskraft-Modells

3 Bereits 2000 tritt Bower für den „Purposive Change" ein, eine zielgerichtete, zielbewusste und zweckmäßige Veränderung, bei der es darum geht, eine Verbindung zwischen Plan und Umsetzung herzustellen. Bower plädiert dabei aus der Perspektive des „Purposive Change" für eine „Map for Practitioners" – einen Fahrplan für die Veränderung. Um seinem Aufruf nachzukommen wurden Untersuchungen durchgeführt, die zum PROMIIC-Modell mit 24 maßgeblichen Elementen führten, die dazu dienen, einen Veränderungsprozess zu verstehen, anzuwenden und wirken zu lassen und die Kluft zwischen Plan und Umsetzung zu überbrücken (ten Have/ten Have/Janssen 2009). Das PROMIIC-Modell setzt sich aus der *Theory of the Business* (Drucker, 1994) (der Wünschenswertigkeit der Veränderung), der *Theory of Execution* (der Machbarkeit der Veränderung) und der *Theory of Change* (der Umsetzung der Veränderung) zusammen. Diese 24 Elemente stellen die Grundlage für die Faktoren und die Entwicklung des Veränderungskraft-Modells dar (ten Have/ten Have/Huijsmans/van der Eng 2013).

Gleichgewicht zwischen Veränderungsvision und Veränderungsfähigkeit

Die vertikale Achse stellt die *Veränderungsvision* dar und die horizontale Achse die *Veränderungsfähigkeit*. Bei der Veränderungsvision (Begründung und Effekt) geht es darum, was Sie erreichen wollen: Warum müssen Sie etwas verändern und welche Ergebnisse wollen Sie mit der Veränderung erzielen? Bei der Veränderungsfähigkeit (Fokus und Energie) geht es darum, wie Sie Ihre Veränderungsziele erreichen wollen: Unterstützen der Aufbau und die Arbeitsweise der Organisation (Struktur, Systeme, Prozesse) die Veränderung und sind die richtigen Leute und Ressourcen für die Erzielung der gewünschten Ergebnisse verfügbar? Die Veränderung kann nur umgesetzt werden, wenn Veränderungsfähigkeit und Veränderungsvision aufeinander abgestimmt sind.

Eine Kombination aus harten und weichen Elementen

Wie bereits in Kapitel 1 erwähnt, erfordern Veränderungen in Organisationen Augenmerk sowohl für die harten als auch für die weichen Aspekte. Es kann sinnvoll sein, zur Stärkung der Vertriebskompetenz einer Organisation eine Strukturänderung vorzunehmen, zum Beispiel im Aufbau der Vertriebsabteilung oder durch eine straffere Steuerung anhand von Leistungsindikatoren (harte Interventionen). Wenn man dabei jedoch nicht auf die Qualitäten und die Weiterentwicklung von Mitarbeitern in dieser Abteilung oder den Grad der Unterstützung für die angestrebte Veränderung beim Personal (weiche Interventionen) achtet, wird sich dieser Vorsatz wahrscheinlich nicht verwirklichen lassen. Deshalb sind die fünf Faktoren des Veränderungskraft-Modells aus harten und weichen Elementen aufgebaut, die im Zusammenhang zu betrachten sind.

Damit Sie im 3. Schritt des Change Canvas eine gute Diagnose stellen können, gehen wir mit Ihnen die fünf Faktoren des Veränderungskraft-Modells durch. Wir erläutern die einzelnen Faktoren kurz und formulieren die Fragen, die Sie beantworten sollten, um herauszufinden, wie es um die Veränderung steht.

Achtung!

Möglicherweise stoßen Sie während des Stellens der Diagnose bei den Fragen, die Sie zu den einzelnen Faktoren des Veränderungskraft-Modells beantworten, auf Ihre „eigene Veränderung". Die Herausforderung besteht beispielsweise darin, zwei Abteilungen zusammenzulegen (die Veränderung) und beim Faktor Fokus wird Ihnen folgende Frage gestellt: Trägt der derzeitige Aufbau der Organisation (Struktur und Steuerung, Systeme und Prozesse) zur Umsetzung der Veränderung bei? Logischerweise lautet Ihre Antwort in diesem Fall „Nein" und das erscheint vielleicht selbstverständlich. Dennoch kann es hilfreich sein, anhand dieser Frage noch einmal zu prüfen, ob die Strukturänderung, die Sie durchführen möchten (Zusammenlegung zweier Abteilungen), auch tatsächlich die richtige Veränderung ist, sich – anhand der anderen Fragen – zu vergewissern, dass Sie keine Elemente übersehen, und zu prüfen, welche spezifischen Themen bei der Vorgehensweise Aufmerksamkeit erfordern, um diese Strukturänderung erfolgreich umzusetzen.

Diagnose – **Begründung**

Die große Geschichte der Veränderung

Der Faktor *Begründung* steht für die große Geschichte, die der Veränderung zugrunde liegt. Ein wichtiger erster Ansatz für die große Geschichte ist Ihre Beschreibung der Veränderungsidee (1. Schritt beim Change Canvas). Die Veränderungsidee beschreibt das „Warum", das letztliche Ziel der Veränderung, geboren aus Notwendigkeit oder Ambition. Das kann bei jeder Veränderung anders sein. Die Veränderungsidee beschreibt auch das „Was" der Veränderung: Was genau werden Sie zum Erreichen des letztlichen Ziels tun? Zur Entwicklung einer guten Begründung muss diese Geschichte für alle Beteiligten *schlüssig* und *ansprechend* sein.

Eine ansprechende Geschichte als Inspirationsquelle

Das „Warum" der Veränderung muss inspirierend wirken, sodass man einen Grund verspürt, sich zu bewegen, zu verändern. Ein inspirierender Beweggrund für die Veränderung ist ambitioniert und herausfordernd, begeistert und überzeugt. Wichtig ist, dass das Bild oder die Geschichte, in der die Zukunft umrissen wird, und die damit verbundene Veränderung für die „Adressaten" verständlich sind.

Eine schlüssige, die Veränderung untermauernde Geschichte

Die große Geschichte muss nicht nur inspirierend sein, sondern auch schlüssig. Jede Veränderung in der Organisation muss letztlich dazu führen, dass die Organisation ihre Mission und Ziele effektiver und/oder effizienter erreichen kann (es sei denn, die Mission selbst steht zur Diskussion). Wenn die Schaffung von Arbeitsplätzen in der Region Teil der Mission einer Organisation ist, scheint eine weitgehende Robotisierung keine logische Veränderung zu sein. Erläutern Sie daher stets, wie die Organisationsveränderung zum Erreichen des gesetzten Ziels (zum Beispiel der Mission, einer gesetzlichen Aufgabe oder eines speziellen Auftrags) beiträgt, gegebenenfalls untermauert mit einem Business Case oder einem Verweis auf ein Strategiedokument.

Die große Geschichte sollte durch ihre Schlüssigkeit und Untermauerung auch größtmögliche Klarheit schaffen und mit Sorgfalt präsentiert werden. Also machen Sie sorgfältig Ihre Hausaufgaben, damit Sie keine Unruhe und andere unerwünschte Effekte erzeugen.

STELLEN SIE SICHER, DASS DIE BETEILIGTEN VERSTEHEN, WARUM DIE VERÄNDERUNG GEWÜNSCHT ODER NOTWENDIG IST.

Eine unklare Geschichte

Die gesamte Belegschaft wurde zusammengerufen. Alle wurden über die bevorstehende Reorganisation informiert, ohne den Prozess, der durchlaufen werden sollte, detailliert zu erläutern. Dies führte bei vielen Mitarbeitern zu Unsicherheit und Spannungen, weshalb sich viele gute Kollegen mit weniger zufriedengaben und zur Konkurrenz wechselten. Nach sechs Monaten Unklarheit stellte sich heraus, dass von einer Reorganisation keine Rede war und sich die Einsparung schon damals durch den Verzicht auf die Verlängerung einiger befristeter Verträge hätte erzielen lassen.

Abbildung 2.8 Die Begründung im Veränderungskraft-Modell

FRAGEN ZUR BEGRÜNDUNG

- **Ist das „Warum" der Veränderung gut untermauert?**

  + ausreichend | – unzureichend

- **Ist das „Warum" ansprechend?**

  + ausreichend | – unzureichend

- **Ist klar, was verändert werden muss, um das letztliche Ziel zu erreichen?**

  + ausreichend | – unzureichend

Anhand der Antworten auf diese drei Fragen können Sie die Begründung der Veränderung als ausreichend oder unzureichend bewerten. Ist die Begründung unzureichend, müssen Sie noch daran arbeiten, die Veränderung ausreichend verständlich zu machen.

BEGRÜNDUNG

+ ausreichend

– unzureichend

Der Fünf-Millionen-Schrank

Darin liegen im wörtlichen oder übertragenen Sinn Erkenntnisse, Lektionen, Analysen, Empfehlungen, Berichte und Evaluationen, die in den vergangenen Jahren entwickelt oder erstellt wurden, um diese Organisation voranzubringen. Die Organisation weiß nicht, was sie eigentlich alles weiß. Es wurde so viel untersucht, erdacht, analysiert und erlernt. Doch vieles wurde zu wenig genutzt oder einfach vergessen. Das ist nicht nur eine schwere Form der Verschwendung von Energie, Wissen, Erfahrung und Möglichkeiten, sondern für viele Beteiligte in dieser Organisation auch eine Quelle der Frustration. Wenn wir diesen Schrank öffnen, schlagen wir zwei (oder mehr) Fliegen mit einer Klappe. Wir honorieren die bereits geleistete Arbeit und bringen den daran Beteiligten Wertschätzung entgegen. Wir erweitern mit einer begrenzten zusätzlichen Investition unser Wissen und unsere Erkenntnisse zu Diagnosezwecken. Die Veränderungshistorie und die Basis für künftige Aktivitäten werden sichtbar gemacht. Wir vermeiden es, Dinge unnötigerweise nochmals zu tun. Wir können aus der Vergangenheit – aus dem, was geschehen oder auch nicht geschehen ist – lernen.

(Aus: ten Have et al., Veranderkracht – succesvol doelen realiseren, 2012, S. 140)

Diagnose – **Effekt**

Die kleine Geschichte der Veränderung

Bei jeder Ankündigung einer neuen Veränderung stellen sich Mitarbeiter die Frage: Was habe ich davon? Durch die Übertragung der *großen* Geschichte (Begründung) auf die *kleine* Geschichte (Effekt) wird dem Bedarf an Konkretisierung nachgekommen. Sie macht die Konsequenzen der Veränderung für die Organisation und die Beteiligten ersichtlich. Auf der *harten* Seite geht es beispielsweise um Kosten und Erträge, zum Beispiel: Wenn wir diese Veränderung umsetzen wollen, muss meine Abteilung 10 % der Kosten einsparen. Auf der *weichen* Seite geht es um Gefühle und Wahrnehmungen, zum Beispiel: Durch die Zusammenlegung dieser beiden Abteilungen erhalte ich vielfältigere Aufgaben und das macht meine Arbeit abwechslungsreicher; diese Veränderung ist für mich positiv.

Konkrete Ergebnisse

Der Effekt, die kleine Geschichte, nimmt zunächst durch eine klare Formulierung konkreter angestrebter Ergebnisse der Veränderung, zum Beispiel in Form von Zielvorgaben, Abteilungszielen oder Leistungskennzahlen (KPIs), Gestalt an. Oft verstehen Mitarbeiter zwar auf Basis der Begründung (der großen Geschichte), dass eine Veränderung notwendig ist, aber es scheint alles noch weit weg zu sein. Sie spüren die Notwendigkeit zur Veränderung noch nicht wirklich, weil sie (noch) keine Vorstellung oder kein Gefühl zu den tatsächlichen persönlichen Folgen haben. Durch die Formulierung angestrebter Ergebnisse ermöglichen Sie die Entwicklung einer individuellen Perspektive bei den Mitarbeitern und beugen der Entstehung negativer Vorstellungen von möglichen Effekten vor.

Konkretisierung bis auf die individuelle Ebene

Ein neues Hauptkonzept einer großen Organisation wurde verabschiedet, weil eine Strategieänderung dies erforderlich machte. Die neue Organisationsstruktur umfasste unter anderem sechs neue Abteilungen, wobei in Grundzügen klar war, welche Aufgaben sie übernehmen würden. Dann wurde mit den beteiligten Mitarbeitern und Managern in Arbeitsgruppen der Aufbau dieser Abteilungen bis ins Detail ausgearbeitet. Dabei wurde auch die angestrebte Zusammenarbeit zwischen den neuen Abteilungen in Arbeitsprozessen sondiert und beschrieben. Am Ende dieses Prozesses wussten alle beteiligten Mitarbeiter, wie die neue Organisation arbeiten würde und was dies für ihre eigene Position und ihr Aufgabengebiet bedeutete. Eine weitreichende Organisationsveränderung wurde damit bis auf die individuelle Ebene konkretisiert.

Bedürfnisse berücksichtigen

Dank der konkreten Formulierung gewünschter Ergebnisse können die Beteiligten die (persönlichen) Vor- und Nachteile beurteilen. Ist die Veränderung für mich positiv oder nicht? Die Konkretisierung kann bewirken, dass Mitarbeiter die Veränderung als vielversprechend beurteilen. Sie kann auch dazu führen, dass sie zu der Einschätzung kommen, die Veränderung sei undurchführbar. Jede Person nimmt – von ihrer eigenen Erlebniswelt ausgehend – eine Veränderung anders wahr, manchmal eher auf Gefühlen oder Wahrnehmungen basierend als auf Tatsachen. Doch für Menschen gilt: Wahrnehmung ist Wirklichkeit. Dabei können Gefühle auch widersprüchlich sein. So kann man die langfristigen Vorteile erkennen, aber auf kurze Sicht dennoch vor allem die mit einem Umzug verbundenen Unannehmlichkeiten spüren. Wenn Sie wissen, welche (möglicherweise unerwünschten) Effekte die Veränderung bei den einzelnen Mitarbeitern auslöst, können Sie gezielt darauf ausgerichtete Maßnahmen ergreifen. Dann ist zwar der direkte Effekt der Veränderung vielleicht negativ (Umzug in ein anderes Gebäude), aber Sie können diesen Mitarbeitern auf längere Sicht eine attraktive Perspektive bieten (ein interessanteres Aufgabenspektrum). So beugen Sie Unsicherheit vor, die möglicherweise zu Widerstand führt.

Lernen während der Veränderung

Veränderungen sind dynamisch und nicht linear. Die Tinte auf dem Plan ist noch nicht trocken und die Situation kann sich schon wieder geändert haben oder es sind unvorhergesehene Effekte aufgetreten.

> „Wie der Gründer einer Unternehmensberatungsfirma es einmal formulierte: Organisieren ist nicht so schwierig, aber diese Menschen ..."

Deshalb ist es erforderlich, Zwischenergebnisse zu verfolgen und regelmäßig gemeinsam zu besprechen, wie die Veränderung verläuft. In diesen Gesprächen muss es sowohl um die harten Ergebnisse gehen als auch darum, wie Menschen die Veränderung wahrnehmen. So lassen sich rechtzeitig die notwendigen Anpassungen vornehmen. Natürlich sollen die im Rahmen der Organisationsveränderung erzielten Ergebnisse auch aufrechterhalten werden. Wird darauf nicht aufmerksam geachtet, besteht das Risiko, dass sich Mitarbeiter zwar an der Veränderung beteiligen (oder dies scheinbar tun), aber wenn sich „der Sturm gelegt hat" in alte Muster zurückfallen.
Deshalb ist es während des Veränderungsprozesses – aber auch in der Zeit danach – entscheidend, die Fortschritte zu überwachen, zu evaluieren und bei Bedarf erneut Korrekturen vorzunehmen.

Abbildung 2.9 Der Effekt des Veränderungskraft-Modells

STELLEN SIE SICHER, DASS ALLEN KLAR IST, WAS DIE VERÄNDERUNG KONKRET BEDEUTEN WIRD.

FRAGEN ZUM EFFEKT

• **Ist klar, welche konkreten Ergebnisse die Veränderung erbringen wird?**	+ ausreichend / – unzureichend
• **Werden die (positiven und negativen) Konsequenzen für die Beteiligten berücksichtigt?**	+ ausreichend / – unzureichend
• **Werden die (Zwischen-)Ergebnisse der Veränderung im Blick behalten?**	+ ausreichend / – unzureichend

Anhand der Antworten auf diese drei Fragen können Sie den Effekt der Veränderung als ausreichend oder unzureichend bewerten. Ist der Effekt unzureichend, so wurde die Veränderung noch nicht genug durchdacht und Sie werden daran arbeiten müssen.

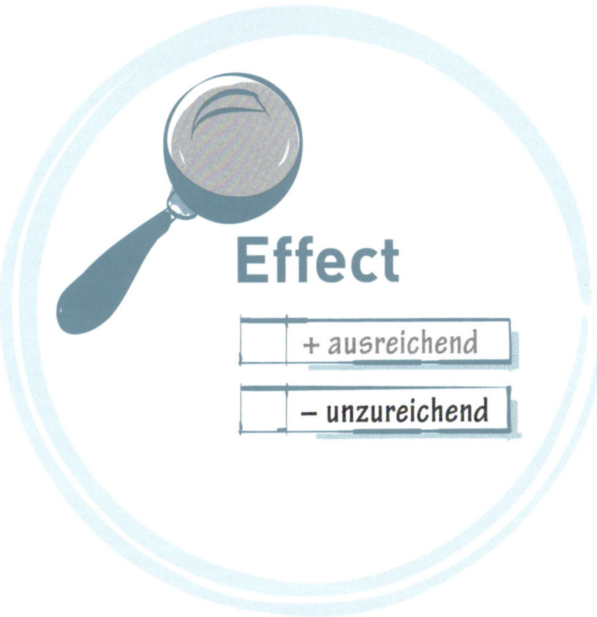

Diagnose – **Fokus**

Rahmen zur Förderung des gewünschten Verhaltens und der Zusammenarbeit

Der Faktor Fokus steht sowohl für harte als auch weiche Rahmen, in denen sich das Verhalten von Menschen und der Einsatz von Ressourcen abspielen. Unter anderem strategische Entscheidungen, Struktur und Art der Steuerung sowie Systeme und Aufgabenbeschreibungen bilden harte Rahmen, die bestimmtes Verhalten fördern oder erzwingen. Wenn Sie beispielsweise eine Veränderung zur Steigerung der Innovationsleistung durchführen möchten (dies erfordert einen langen Atem), aber die Personen, die diese Leistung erbringen sollen, nach kurzfristigen Ergebnissen (zum Beispiel Umsatz oder Verkaufsergebnissen) beurteilen, wenden Sie ein Belohnungssystem an, das für die gewünschte Veränderung nicht förderlich ist. Weiche Rahmen sind zum Beispiel (Kern-)Werte der Organisation und das gewünschte Verhalten fördernde formelle und informelle Verhaltenskodizes. Wenn in einer bestimmten Situation oder Veränderung das gegenseitige Ansprechen auf Nachlässigkeiten eine Norm für gewünschtes Verhalten ist, aber der Manager sich seinen Kollegen gegenüber nicht an diese Norm hält, kann dies bei den Mitarbeitern den Eindruck erwecken, dieser Aspekt sei doch nicht so wichtig.

Rahmen schaffen Raum

In der Schule ist große Pause und die Kinder dürfen zum Spielen hinaus auf den Hof. Der Schulhof ist nicht abgetrennt und den Kindern ist nicht klar, was erlaubt ist und was nicht. Einige Kinder bleiben wie erstarrt ängstlich in einer Gruppe stehen, während andere ungehindert vom Hof auf die Straße rennen. Es herrscht Chaos. Drei Wochen später ist der Schulhof eingezäunt und mit Spielgeräten und einem Bolzplatz ausgestattet. Der Rahmen ist klar und sorgt für Ruhe. Alle Kinder spielen nun begeistert auf dem Hof. Dieser Mechanismus ist auch bei Menschen in Organisationen zu beobachten: Rahmen begrenzen, aber bieten damit gleichzeitig den Raum, sich darin sicher zu bewegen. Ein guter Architekt schafft durch die sorgfältige Anordnung von Wänden Raum.

(Strategische) Entscheidungen bestimmen den Einsatz von Personal und Ressourcen

Jede Organisation trifft auf ihrer Vision und Mission basierende strategische Entscheidungen. Die verschiedenen Organisationseinheiten, Abteilungen und/oder Teams übertragen diese Entscheidungen in ihre eigenen (Jahres-) Pläne (Auf welche Produkte, Dienstleistungen, Aktivitäten oder Spezialgebiete werden wir uns in der kommenden Zeit konzentrieren und wie werden wir dies gestalten?). Durch die konsequente Umsetzung der getroffenen Entscheidungen kann jede Abteilung oder jedes Team in der täglichen Praxis die richtigen Prioritäten setzen und Personal und Ressourcen entsprechend einsetzen. Wenn zuvor von Teams oder Abteilungen getroffene (kurzfristige oder langfristige) Entscheidungen und Prioritäten nicht zur angestrebten Veränderung passen, kann dies zu Prioritätskonflikten führen. Dadurch können bei Mitarbeitern Frustrationen aufkommen, weil sie widersprüchliche Aufträge und Anfragen erhalten. Bei Frustrationen gilt es zu prüfen, inwieweit die Veränderung und die damit zusammenhängenden Prioritäten auf die getroffenen (strategischen) Entscheidungen abgestimmt sind oder nicht. Auf dieser Grundlage können gegebenenfalls zuvor getroffene Entscheidungen vor oder während der Veränderung so revidiert werden, dass beides besser aufeinander abgestimmt ist. Im Extremfall kann eine Überarbeitung der Strategie der Organisation in Erwägung gezogen werden.

Der derzeitige Aufbau der Organisation bietet harte Rahmen

Strukturen, Steuerung, Systeme und Prozesse, die derzeit in der Organisation vorhanden sind, bilden harte Rahmen, die das Verhalten der Menschen in der Organisation bestimmen. Wenn eine eingeleitete Veränderung mehr Zusammenarbeit zwischen verschiedenen Abteilungen erfordert, kann eine bestehende Organisationsstruktur und Steuerung, die Menschen vor allem zum Arbeiten im eigenen Team anregt, sehr hinderlich sein. Daher ist es sinnvoll, die Struktur und Steuerung der Organisation oder Abteilung kritisch zu prüfen. Auch Aufgaben lenken das Verhalten von Mitarbeitern und die Art und Weise, wie sie in ihrer Arbeit Prioritäten setzen.

Außerdem ist es auf dieser Ebene wichtig zu untersuchen, ob die formulierten Aufgaben die gewünschte Zusammenarbeit genügend fördern oder angepasst werden müssen. Gleiches gilt für die unterstützenden Systeme und Prozesse in der Organisation. Manche Organisationen oder Abteilungen lassen sich stark von ihnen auferlegten Protokollen oder Vorschriften leiten. Diese harten Rahmen lassen sich nicht immer beeinflussen. Doch ein IT-System, das die neue Art des Arbeitens unzureichend unterstützt, oder ein nicht zur Organisationsveränderung passendes Belohnungssystem lassen sich anpassen.

Rahmen an die Veränderung anpassen

Ein Versicherungsunternehmen hatte im Einklang mit seinen strategischen Entscheidungen die Ambition entwickelt, kundenfreundlicher zu werden. Vor allem in Bezug auf den Kundenservice war die Unzufriedenheit recht groß. Kunden, die telefonisch Kostenerstattungen beantragten, mussten oft lange warten und wurden meist mehrmals an andere Ansprechpartner verwiesen. Damit die Kunden schneller und besser bedient werden konnten, wurden die Mitarbeiter ermächtigt, Anträge auf Kostenerstattungen bis 500 Euro selbst zu beurteilen. Dadurch konnten zahlreiche Anträge schnell und effektiv bearbeitet werden, was zu einer höheren Kundenzufriedenheit führte.

Gemeinsame Werte sind richtungsweisend für das Verhalten

Viele Organisationen haben kollektive (Kern-)Werte definiert. Die explizite Formulierung dieser Werte zeigt, dass sorgfältig und aufmerksam darüber nachgedacht wurde, welches Verhalten als wünschenswert betrachtet wird, insbesondere vor dem Hintergrund der angestrebten Veränderung. Doch allein dadurch werden sich Menschen noch nicht anders verhalten. Verhaltensänderung kommt nicht zustande, indem Mitarbeiter auf explizite, von oben auferlegte neue Grundsätze oder Werte hingewiesen werden. Verhalten entsteht am Arbeitsplatz, oft implizit durch Interaktion zwischen Menschen. Mit den Mitarbeitern zu besprechen, was die Werte für ihr Verhalten und die Art der Zusammenarbeit bedeuten, ermöglicht es ihnen herauszufinden, wie sie mit ihrem eigenen Verhalten die gewünschte Veränderung erzielen können. Beispielhaftes Verhalten von Galionsfiguren der Organisation oder die Vorführung *bewährter Methoden (best practices)* sind ebenfalls gute Wege, um Mitarbeitern die oft abstrakten Werte näherzubringen und so das Verhalten von Menschen in Organisationen zu beeinflussen.

Abbildung 2.10 Der Fokus im Veränderungskraft-Modell

SORGEN SIE DAFÜR, DASS DIE ART UND WEISE, WIE ALLES ORGANISIERT IST UND MITEINANDER UMGEGANGEN WIRD, ZU DER ANGESTREBTEN VERÄNDERUNG PASST.

FRAGEN ZUM FOKUS

- **Tragen die zuvor getroffenen (strategischen) Entscheidungen der Organisation zur Umsetzung der Veränderung bei?** + ausreichend | – unzureichend
- **Trägt der derzeitige Aufbau der Organisation (Struktur, Steuerung, Systeme und Prozesse) zur Umsetzung der Veränderung bei?** + ausreichend | – unzureichend
- **Passen die derzeitigen Werte der Organisation und die Art der gemeinsamen Zusammenarbeit zur Veränderung?** + ausreichend | – unzureichend

Anhand der Antworten auf diese drei Fragen können Sie den Fokus der Veränderung als ausreichend oder unzureichend bewerten. Ist der Fokus unzureichend, kann die Schlussfolgerung gezogen werden, dass die Organisation noch nicht vollständig auf die Umsetzung der Veränderung ausgerichtet ist.

Fokus

+ ausreichend

– unzureichend

Diagnose – **Energie**

Die Fähigkeit zur Umsetzung der Veränderung

Der Faktor Energie ist der „Motor" oder „Kraftstoff" der Veränderung. Energie umfasst sowohl Mitarbeiter (menschliches Kapital) als auch Ressourcen. Es geht um das (vorhandene und benötigte) Wissen, die (vorhandene und benötigte) Erfahrung und Motivation der Mitarbeiter und die Verfügbarkeit von Zeit, Geld und anderen Ressourcen. Die Beteiligten müssen in die Lage versetzt werden, die Veränderung umsetzen zu können. Eine Veränderung, die eine große Investition erfordert, ist nicht glaubwürdig und wird auch nicht auf breite Unterstützung stoßen, wenn die finanziellen Mittel dafür nicht verfügbar sind.

Zur Veränderung passende Führung

Führungskräfte sind für das Verhalten und die Weiterentwicklung von Mitarbeitern ganz entscheidend. Dies gilt insbesondere für die direkten Vorgesetzten. So kann die Führungsspitze großartige Pläne zu Papier bringen, jedoch werden diese nicht verwirklicht werden, wenn die direkten Vorgesetzten ihren Mitarbeitern andere Aufträge erteilen oder auf andere Weise den Eindruck vermitteln, dass sie nichts von den Plänen halten. In diesem Fall wird die verfügbare Energie nicht im Sinne der Veränderung eingesetzt oder behindert sie sogar. Einer guten Führungskraft gelingt es, Mitarbeiter zu inspirieren, zu motivieren und zusammenzubringen und bei ihnen im Interesse der Organisation die zur Veränderung passenden Fertigkeiten zu entwickeln.

Verfügbarkeit und Einsatz von Ressourcen

Ganz grundlegende und unverzichtbare Bestandteile einer erfolgreichen Veränderung sind die Verfügbarkeit und der richtige Einsatz von Ressourcen. Der offensichtlichste Faktor ist Geld: Wie groß ist das für die Organisationsveränderung reservierte Budget? Ein weiterer Faktor ist Zeit. Wird tatsächlich Zeit für die Veränderung eingeräumt oder muss diese umgesetzt werden, während alle regulären Tätigkeiten wie gewohnt fortgeführt werden? Im letzteren Fall ist das Risiko groß, dass das Tagesgeschäft im Vordergrund steht. Das kommt dem Fortschritt und der Umsetzung der Veränderung nicht zugute.

Kompetenzen von Menschen

Veränderungen in Organisationen erfordern in vielen Fällen andere Kompetenzen von Mitarbeitern und das Engagement, sich der notwendigen Bewegung anzuschließen. Es ist nicht selbstverständlich, dass alle dieses können oder wollen. In einigen Fällen werden Dinge verlangt, die Mitarbeiter noch nie zuvor getan haben, und oft brauchen sie Zeit, um zu lernen. In anderen Fällen sind Menschen wirklich nicht dazu bereit, einen Beitrag zu leisten, weil sie es nicht wollen oder (noch) nicht können – und dies hat einen erkennbaren negativen Effekt auf das Veränderungsvermögen der Organisation. Je nach Situation und Art der Veränderung (liegt vorübergehend eine andere Situation vor oder wird sich strukturell etwas ändern?) kann man beschließen, das Ziel der Organisation anzupassen oder sich mehr Zeit zu nehmen, zum Beispiel, um Menschen lernen zu lassen. Im Extremfall muss man feststellen, dass in der Organisation ein Bedarf nach einem anderen Mitarbeitertyp besteht. Außerdem ist es wichtig, Mitarbeitern Zeit für die Veränderung einzuräumen, die sich nicht nur gezielt für die Veränderung einsetzen können und wollen, sondern dafür auch geeignet sind. In der Praxis wird nicht selten gefragt, wer Zeit hat, ohne dabei in Betracht zu ziehen, ob diejenigen wohl für die Umsetzung der Veränderung gut gerüstet sind. Damit die Erfolgschancen möglichst hoch sind, ist es sinnvoll, gezielt Mitarbeiter mit dem richtigen Wissen und der entsprechenden Erfahrung einzusetzen. Sind solche Personen nicht verfügbar, wird Expertise aufgebaut werden müssen, indem externe Sachkundige eingeschaltet oder eigene Mitarbeiter geschult werden.

SORGEN SIE DAFÜR, DASS DIE RICHTIGEN LEUTE UND GENÜGEND RESSOURCEN EINGESETZT WERDEN KÖNNEN.

Mehr Ambitionen als Energie

Ein mittelgroßes Marketingunternehmen hat beschlossen, am 1. Januar des nächsten Kalenderjahres mit einem seiner wichtigsten Netzwerkpartner zu fusionieren. Allerdings geht es der Organisation nicht besonders gut und das Budget ist deshalb begrenzt. Das bedeutet unter anderem, dass die zu unternehmenden Schritte im Rahmen der regulären Geschäftstätigkeit erfolgen müssen und keine Mittel vorhanden sind, um externe Expertise im Bereich der Fusionsprozesse hinzuzuziehen. Mitten im Prozess wird beschlossen, die Fusion abzubrechen, weil keine ausreichenden Fortschritte erzielt werden und Führungskräfte und Mitarbeiter überlastet sind – ein typisches Beispiel für eine Veränderung, die misslingt, weil die Ambition unzureichend auf die Leistungsfähigkeit, die Energie, der Organisation abgestimmt ist.

Abbildung 2.11 Die Energie im Veränderungskraft-Modell

FRAGEN ZUR ENERGIE

- **Sind die derzeitigen Führungskräfte ausreichend in der Lage, ihre Mitarbeiter während der Veränderung zu begleiten?** + ausreichend | – unzureichend
- **Ist genügend Unterstützung vorhanden und ist das derzeitige Personal zur Umsetzung der Veränderung imstande?** + ausreichend | – unzureichend
- **Sind ausreichende Ressourcen (Zeit, Geld und andere Mittel) für die Umsetzung der Veränderung verfügbar?** + ausreichend | – unzureichend

Anhand der Antworten auf diese drei Fragen können Sie die Energie für die Veränderung als ausreichend oder unzureichend bewerten. Reicht die Energie nicht aus, kann die Schlussfolgerung gezogen werden, dass die Organisation zu einer erfolgreichen Umsetzung der Veränderung noch nicht fähig ist.

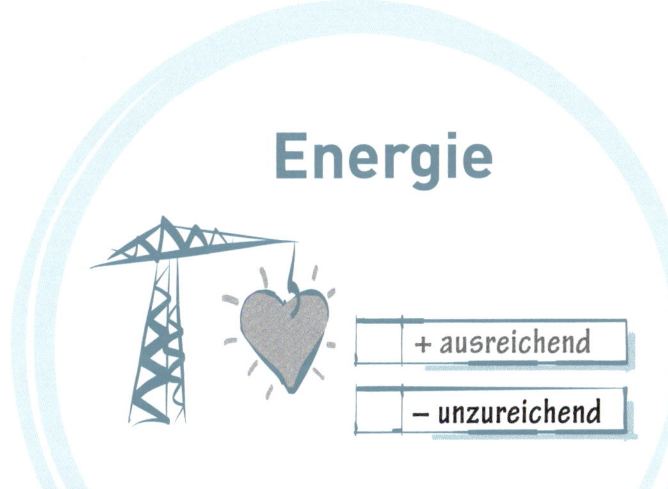

Diagnose – **Verbindung**

Organisation und Steuerung der Organisationsveränderung

Der Faktor Verbindung steht für die Organisation und Steuerung der Organisationsveränderung. Er verbindet die vier zuvor genannten Faktoren Begründung, Effekt, Fokus und Energie. Zwischen allen Initiativen rund um die Veränderung muss ein logischer Zusammenhang bestehen, damit Anstrengungen (die mit den verschiedenen Faktoren verbunden sind) zum gewünschten Ergebnis führen. Darauf muss während des Veränderungsprozesses ständig hingewirkt werden; Sie müssen die Initiativen und Aktivitäten kontinuierlich aufeinander abstimmen. Veränderungsvision und Veränderungsfähigkeit werden ständig zusammengeführt. Das ist die Hauptaufgabe der Person, die letztlich die Verantwortung für die Veränderung trägt.

Überblick und Koordination

Ein häufig vorkommendes Problem bei Veränderungen ist, dass Initiativen *ad hoc* ergriffen werden, die Veränderung nicht gezielt gesteuert wird und (unter anderem deshalb) die gewünschten Ergebnisse ausbleiben. Es besteht dann Bedarf an Überblick und Koordination.

Es ist vor allem Aufgabe der letztlich für die Veränderung verantwortlichen Person, sich dafür einzusetzen, dass die Veränderung in einem überschaubaren, nachvollziehbaren Prozess vonstattengeht. Das ist keine leichte Aufgabe. Sie wird ihm oder ihr ab und zu schlaflose Nächte bereiten. Letztlich verantwortlich ist die Person, welche die Veränderung „ausstrahlen" soll. Die Tätigkeit des Programmmanagements zur Unterstützung des oder der Letztverantwortlichen kann beispielsweise bei der Steuerung der Veränderung hilfreich sein (wobei die Letztverantwortung für die Umsetzung der Veränderung ausdrücklich nicht dem Programmmanagement übertragen werden kann). In diesem Fall schafft das Programmmanagement die Voraussetzungen für ein systematisches und strukturiertes Arbeiten an der definierten Veränderung. Der wichtigste Schritt ist die Erstellung einer Veränderungsagenda oder eines Veränderungsplans, wobei der Detaillierungsgrad dieses Plans natürlich von der momentanen Phase und Art der Veränderung abhängig ist. Ein guter Plan enthält zumindest Angaben zur Unterteilung des Prozesses in Phasen, zur gewählten Vorgehensweise (zum Beispiel mit oder ohne Partizipation; zwischen welchen Projekten differenziert wird u. Ä) sowie eine klare Beschreibung der den Prozess steuernden Veränderungs- und Programmorganisation (einschließlich Verantwortlichkeiten). Selbstverständlich ist eine gute Diagnose – wie zuvor beschrieben – für die Entwicklung der richtigen Aktivitäten entscheidend!

Im Idealfall sind alle unterschiedlichen Veränderungsinitiativen innerhalb der Organisation mit dem letztlichen Ziel der Organisation verknüpft, stehen in einem logischen Zusammenhang zueinander und die Planungen sind aufeinander abgestimmt.

Unzureichende Abstimmung

In einer Organisation im Gesundheitswesen gibt es mehrere laufende Initiativen mit jeweils eigener Dynamik. Die Einführung der elektronischen Patientenakte fordert von den Fachkräften im Gesundheitswesen und den sie unterstützenden Kräften viel Zeit und Aufmerksamkeit. Gleichzeitig werden die Arbeitsprozesse und Systeme der unterstützenden Kräfte kritisch beleuchtet. Beide Initiativen haben Priorität und werden jeweils von einer Arbeitsgruppe gesteuert. Einige Mitarbeiter sind in beiden Arbeitsgruppen tätig. Dieses Vorgehen führt bei vielen Mitarbeitern zu großer Frustration und Fragen. Was hat nun wirklich Priorität? Wie verteile ich meine Zeit auf meine reguläre Arbeit und diese Arbeitsgruppen? Hat jemand darüber nachgedacht, welche Auswirkungen die Kombination beider Initiativen auf Mitarbeiter und Patienten hat?

Entscheidend ist sorgfältige Kommunikation

Wenn Sie positive Verbindungen herstellen wollen, ist effektive Kommunikation von wesentlicher Bedeutung. Eine oft gehörte Beschwerde ist, dass (intern) nicht oder unzureichend kommuniziert wird. Man könnte fast behaupten, dass man in einem Veränderungsprozess nie genug kommunizieren kann. Dennoch müssen Sie die Informationen sorgfältig dosieren, sodass die Mitarbeiter in Bezug auf die Veränderung stets ein ehrliches und realistisches Bild vom Sachstand haben. Informieren Sie zu rasch über inhaltliche Entscheidungen, kann sich dies gegen Sie wenden, weil Sie damit möglicherweise zu Unrecht Erwartungen wecken. Wenn Sie noch wenig Inhaltliches preisgeben können, lässt sich vielleicht etwas darüber sagen, wie der Prozess in der nächsten Zeit aussehen wird. Mitarbeiter, die feststellen, dass die Kommunikation über die Veränderung gut ist, werden der Veränderung gegenüber offener sein. Sorgfältige und konsistente Kommunikation kann auch viel Unsicherheit und Misstrauen abbauen. Außerdem ist es wichtig, dass die Mitarbeiter Vertrauen in den Überbringer der Botschaft haben. Die Person, die Mitarbeiter rechtzeitig, regelmäßig, korrekt und positiv informiert, sollte vorzugsweise der direkte Vorgesetzte sein.

SORGEN SIE DAFÜR, DASS KLAR AUF DIE UMSETZUNG DER VERÄNDERUNG HINGESTEUERT WIRD.

Abbildung 2.12 Die Verbindung im Veränderungskraft-Modell

FRAGEN ZUR VERBINDUNG

- **Gibt es einen Gesamtplan (der Angaben zu Phaseneinteilung, Verantwortlichkeiten, Vorgehensweise und Aktivitäten enthält), mit dem die Veränderung umgesetzt werden kann?** + ausreichend | – unzureichend
- **Ist die Veränderung gut auf andere Entwicklungen und Initiativen in der Organisation abgestimmt?** + ausreichend | – unzureichend
- **Wird rechtzeitig und auf Grundlage der richtigen Informationen über die Veränderung kommuniziert?** + ausreichend | – unzureichend

Anhand der Antworten auf diese drei Fragen können Sie die Verbindung der Veränderung als ausreichend oder unzureichend bewerten. Ist die Verbindung unzureichend, kann die Schlussfolgerung gezogen werden, dass die Veränderung noch nicht gut gesteuert wird.

Verbindung zu Beginn der Veränderung

Es ist logisch, dass die Verbindung bei einer gerade erst eingeleiteten Veränderung als unzureichend bewertet wird. Das ist nicht problematisch. Achten Sie darauf, dass Sie die entsprechenden Elemente (Erstellung eines Veränderungsplans, Sicherstellung der Kohärenz mit anderen Initiativen und einer gezielten und richtigen Kommunikation) anschließend im Veränderungskonzept berücksichtigen. Mit diesen Elementen lässt sich der Veränderungsprozess steuern und sie dürfen deshalb in Ihrer Vorgehensweise, im 4. Schritt des Change Canvas, nicht fehlen.

Diagnose – **Gesamtbild**

Verfügen wir über ausreichend Veränderungskraft für die Umsetzung der Veränderung?

Nachdem Sie alle Faktoren abgewogen haben, können Sie eine Momentaufnahme von der Veränderungskraft Ihrer Organisation, Ihrer Abteilung oder Ihres Teams machen. Anders formuliert: Sie können sich ein Bild davon machen, inwieweit die Organisation dazu in der Lage ist, die Veränderung umzusetzen. Um sich dieses Bild zu verschaffen, ziehen Sie eine Gesamtbilanz anhand Ihrer Antworten auf die Fragen und der Bewertung als ausreichend oder unzureichend für die einzelnen Faktoren: Begründung, Effekt, Fokus, Energie und Verbindung.

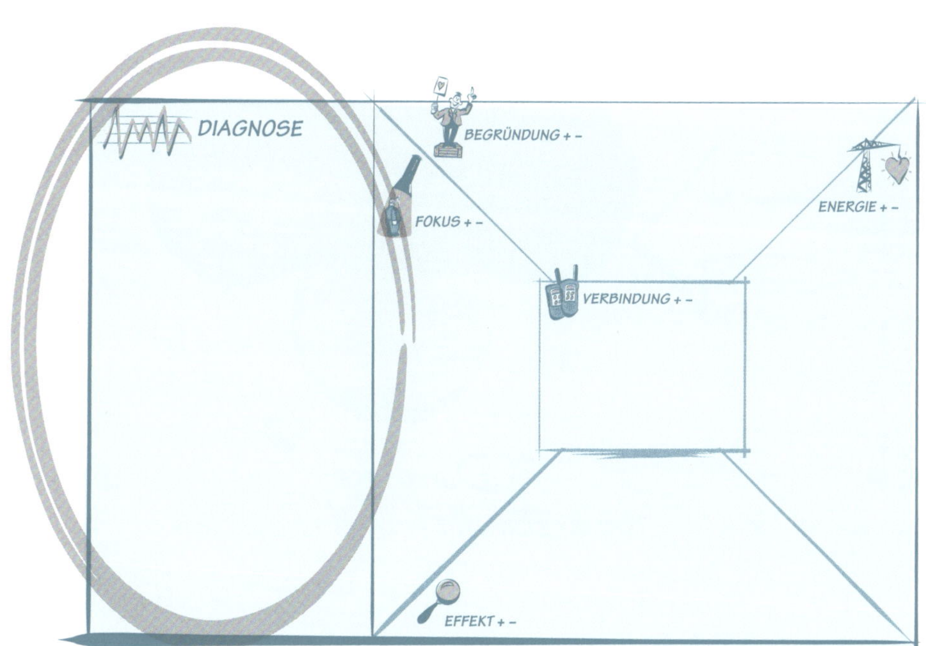

Abbildung 2.13 Die Diagnose basiert auf der Untersuchung aller fünf Faktoren

Wie lautet die Diagnose?

Die von Ihnen gestellte Diagnose kann ganz unterschiedlich ausfallen. Möglicherweise beurteilen Sie einen einzigen Faktor als unzureichend, aber natürlich ist es auch möglich, dass mehrere Faktoren den Anforderungen noch nicht genügen. Zu jedem Faktor mit der Bewertung „unzureichend" gehört eine Charakterisierung, mit der Sie die Enddiagnose stellen:

- Die Begründung wird als unzureichend bewertet:
  ⇨ Die Veränderung ist **unverständlich**.
- Der Effekt wird als unzureichend bewertet:
  ⇨ Die Veränderung ist **undurchdacht**.
- Der Fokus wird als unzureichend bewertet:
  ⇨ Die Veränderung ist **ungezielt**.
- Die Energie wird als unzureichend bewertet:
  ⇨ Die Veränderung ist **unzulänglich**.
- Die Verbindung wird als unzureichend bewertet:
  ⇨ Die Veränderung ist **ungesteuert**.

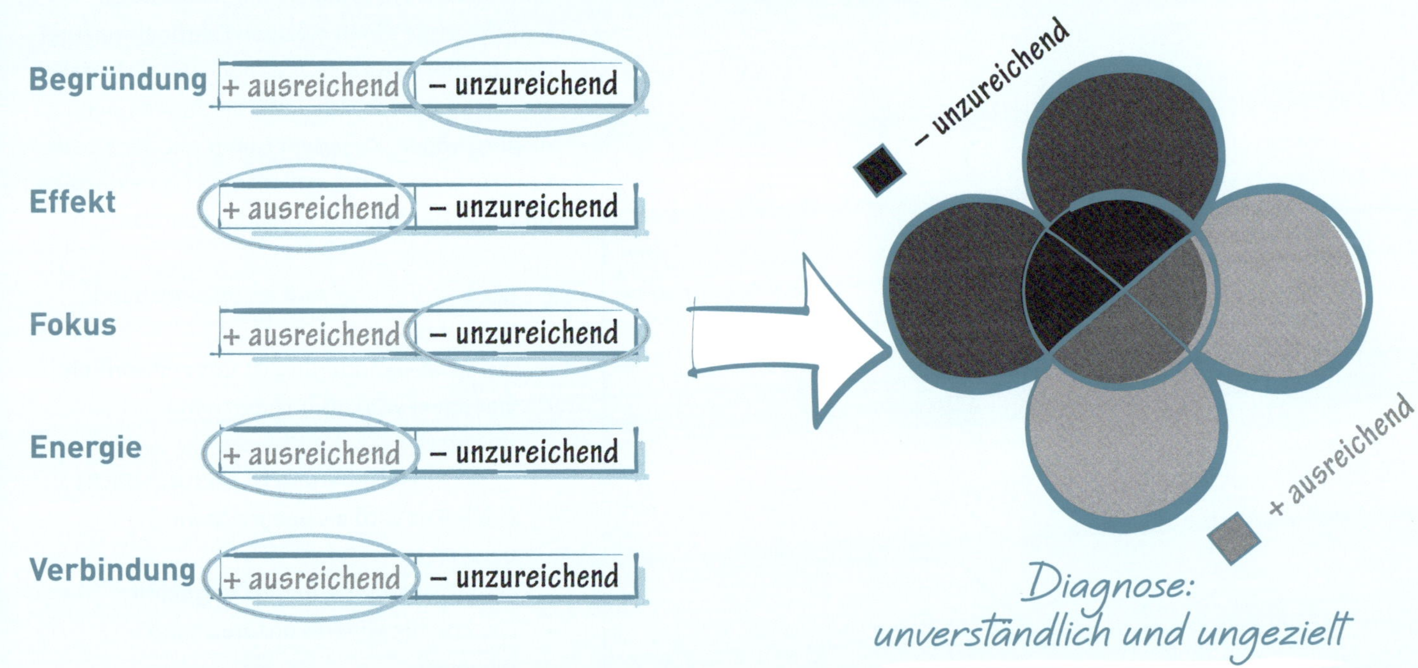

Abbildung 2.14 Diagnose, bei der Begründung und Fokus unzureichend sind

Wenn Sie einen Faktor als unzureichend bewertet haben und dieser somit im roten Bereich liegt, bedeutet dies natürlich nicht, dass, was diesen Faktor betrifft, überhaupt nichts Positives geschehen ist. Wird zum Beispiel der Faktor Energie als unzureichend bewertet, kann dies darauf zurückzuführen sein, dass eine Führungskraft die Veränderung nicht begrüßt und deshalb ihren Mitarbeitern nicht die richtige Unterstützung bietet. Doch die Bewertung als unzureichend kann beispielsweise auch die Folge eines zu niedrigen Budgets sein.

Die Diagnose zeigt auch die Stärken der Veränderung auf; vielleicht wird die Begründung als ausreichend bewertet und ist ausreichend Energie für die Umsetzung der Veränderung vorhanden. Halten Sie daran fest und bauen Sie darauf auf.

HALTEN SIE AN AUS DER DIAGNOSE HERVORGEHENDEN STÄRKEN FEST, TAUSCHEN SIE SICH MIT ANDEREN DARÜBER AUS UND BAUEN SIE BEI DER ARBEIT AN DER VERÄNDERUNG DARAUF AUF.

Übrigens ist es nicht ungewöhnlich, dass bei einer gerade erst eingeleiteten Veränderung viele Faktoren noch unzureichend zur Geltung kommen und die Vorgehensweise bei der Veränderung noch in vielen Bereichen Aufmerksamkeit erfordert. Deshalb ist es wichtig, dass Sie gemeinsam ein gutes Verständnis dafür entwickeln, warum ein oder mehrere Faktoren als unzureichend bewertet werden, wodurch dies verursacht wird und welche Risiken es mit sich bringt. Von diesem Verständnis ausgehend können Sie sich dann auf die richtige Art und Weise und in der richtigen Reihenfolge an die Arbeit machen und die Veränderung umsetzen: 4. Schritt des Change Canvas. Damit Ihnen bewusst wird, warum ein bestimmter Faktor weniger gut bewertet wurde, kann es hilfreich sein, die Fragen und Ihre Antworten im Hinblick darauf nochmals zu lesen. Dann wissen Sie wieder genau, worauf Ihre Diagnose zu den verschiedenen Faktoren basiert. In Tabelle 2.1 finden Sie für die einzelnen Charakterisierungen eine kurze Beschreibung häufiger Fallstricke und Risiken. Nutzen Sie diese Informationen bei der weiteren Deutung und Vertiefung Ihrer Diagnose.

ALS UNZUREICHEND BEWERTET	CHARAKTERISIERUNG DER VERÄNDERUNG	WAS FEHLT NOCH?
BEGRÜNDUNG	**Unverständlich** „Ich verstehe nicht, warum etwas verändert werden soll."	Eine ansprechende und fundierte Begründung für die Veränderung
EFFEKT	**Undurchdacht** „Ich weiß nicht, was (mir) diese Veränderung bringen wird und wie ich einen Beitrag dazu leisten kann."	Die konkrete Bedeutung der Veränderung für Interessenträger
FOKUS	**Ungezielt** „Ich weiß nicht, wie wir das in unserer Organisation durchführen sollen."	Unterstützende Entscheidungen, Prozesse, Systeme und/oder Formen der Zusammenarbeit (Verhalten)
ENERGIE	**Unzulänglich** „Ich weiß nicht, ob wir das verwirklichen können."	Die Bereitschaft, Fähigkeit und die Ressourcen („Kraftstoff") für die Veränderung
VERBINDUNG	**Ungesteuert** „Ich habe den Eindruck, dass niemand den Überblick hat."	Ein Gesamtplan (Veränderungs-agenda/Veränderungsplan) und/oder erkennbare Steuerung der Veränderung

FALLSTRICKE/RISIKEN	ABBILDUNG
1. Die Annahmen über Ihr Umfeld und/oder Ihre Organisation sind falsch 2. Unlogische oder unattraktive Veränderung 3. Zu umfangreich und zu viele Informationen auf einmal (Zukunftsschock)	– unzureichend + ausreichend
1. Niemand fühlt sich angesprochen, weil niemand versteht, was es für ihn/sie bedeutet 2. „Der Plan ist bald wieder vom Tisch": BOHICA-Reaktion bei Mitarbeitern (Bend Over Here It Comes Again) 3. Es werden falsche Annahmen getroffen und Legenden erzählt	
1. Falsche Aktivitäten und die damit verbundene Gefahr der Energieverschwendung 2. Der Aufbau der Organisation unterstützt die Veränderung nicht 3. Billigung von Fehlverhalten	
1. Die Veränderung findet in der Organisation nicht genügend Unterstützung und es besteht das Risiko, dass sie nicht nachhaltig sein wird 2. Mitarbeiter sind überarbeitet, weil zu viel von ihnen verlangt wird 3. Zynische Mitarbeiter und nicht umgesetzte Pläne wegen unzureichender Investitionen in die Veränderung (Traumtänzerei)	
1. Niemand fühlt sich wirklich (letztlich) für die Veränderung verantwortlich (wer will hier was?) 2. Man kennt den Stand der Veränderung nicht und weiß nicht, wie die nächsten Schritte aussehen werden (Flughafen ohne Tower) 3. Ungezielte – und manchmal hinderliche – Initiativen (tägliche Aufgaben und Veränderungsaufgabe konkurrieren miteinander)	

Tabelle 2.1
Verschiedene Charakterisierungen – was funktioniert noch nicht richtig?

Darüber hinaus können bestimmte Kombinationen besondere Fallstricke und Risiken bergen. Wir nennen hier einige davon.

Kollektive Fantasie Aus Mangel an richtungsweisenden Rahmen und konkreten Ergebnissen werden (manchmal großartige, inspirierende) Veränderungsideen und die vorhandene Energie nicht genutzt.	– unzureichend + ausreichend
Veränderung ohne Vision Wegen fehlender klarer Aussagen zu den Fragen, was die Veränderung beinhaltet und was sie erbringen soll, bleiben vorhandene Kapazitäten ungenutzt.	
VERÄNDERUNG OHNE SEELE Aus Mangel an einer gemeinsamen Vision und Menschen, die sich der Veränderung verpflichten können und wollen, fehlt ihr die Inspiration.	
Unrealistische Veränderung Mangels Veränderungsfähigkeit lässt sich die Veränderungsvision nicht verwirklichen.	
ELFENBEINTURM Die Pläne bleiben mangels Klarheit über die gewünschten Ergebnisse und aus Mangel an gezielten Investitionen, Unterstützung und Mitarbeitern, denen Zeit dafür eingeräumt wird, in erster Linie Pläne der Führungsspitze.	
EGOISMUS Aus Mangel an gemeinsamen Zielvorstellungen und Rahmen entsteht viel Raum, um eigene Interessen über die Interessen der Organisation zu stellen.	
Chaos Mangels Veränderungsvision, Veränderungsfähigkeit und Abstimmung zwischen beidem entsteht Chaos.	

Tabelle 2.2 Besondere Fallstricke und Risiken

Veränderungsidee anpassen?

Wie bereits erwähnt, ist eine Veränderung ein dynamischer Prozess. Jetzt, wo Sie eine klare Diagnose haben, ist es wichtig zu prüfen, ob die Veränderungsidee (1. Schritt des Change Canvas) tatsächlich die derzeit richtige Veränderung ist. Es ist nichts Ungewöhnliches, dass bei der Einleitung eines Veränderungsprozesses mit dem Ziel einer Strukturänderung nach einer sorgfältigen Diagnose festgestellt wird, dass die Veränderung besser auf die Art der Zusammenarbeit und die berufliche Weiterentwicklung der Mitarbeiter ausgerichtet werden sollte. Die Diagnose kann auch ergeben, dass es so sehr an Veränderungskraft mangelt, dass die Umsetzung der Veränderungsidee überhaupt nicht machbar erscheint. Seien Sie besonders vorsichtig, wenn alle Faktoren außer der Begründung als unzureichend bewertet werden. Doch Sie sollten Folgendes beachten: Es ist wichtig, vor dem Verwerfen der Veränderungsidee bewusst abzuwägen, ob sie wirklich nicht realisierbar ist oder ob sich durch die Wahl der richtigen Vorgehensweise im 4. Schritt die Veränderungskraft so steigern ließe, dass die Veränderung doch umsetzbar wird.

Bekanntes Muster oder Risiko?

Ein letzter wichtiger Aspekt bei diesem Schritt des Change Canvas ist, dass Sie sich die Frage stellen, ob die von Ihnen erkannten Fallstricke nur für die derzeitige Veränderung gelten oder vielleicht in Ihrer Organisation, Ihrer Abteilung oder Ihrem Team häufiger anzutreffen sind. Möglicherweise kommen Sie zum Beispiel zu der Feststellung, dass die Veränderung *undurchdacht* ist. Vielleicht liegen zwar gute Strategiepläne für die Veränderung vor (Begründung), aber die genaue Bedeutung für die verschiedenen Abteilungen ist noch unklar (Effekt). Dies kann ohne Weiteres auf ein wiederkehrendes Muster hindeuten. („Wir sind immer gut im Entwickeln von Plänen, aber nicht gut darin weiterzudenken, was sie für die Mitarbeiter bedeuten: Deshalb werden Veränderungen bei uns auch nicht oft erfolgreich umgesetzt.") Wenn dies der Fall ist, tun Sie gut daran, diesen Problembereich in Ihrer Vorgehensweise (4. Schritt) ganz oben auf die Agenda zu setzen: Was ist für eine strukturierte Übertragung unserer Pläne auf verschiedene Abteilungen, Teams und Mitarbeiter notwendig? Beantworten Sie die folgenden Fragen, damit Sie gut und durchdacht mit der Vorgehensweise (4. Schritt) beginnen können.

FRAGEN ZUM GESAMTBILD DER DIAGNOSE

- **Wie lautet die Diagnose (siehe auch Tabelle 2.1)?**
- **Macht diese Diagnose eine Anpassung der Veränderungsidee erforderlich?**
- **Beinhaltet diese Diagnose ein bekanntes Muster oder Risiko, worauf Sie bei der Festlegung der Vorgehensweise (4. Schritt) besonderes Augenmerk legen sollten?**

4. Schritt: An die Arbeit!

Die Vorgehensweise für eine erfolgreiche Umsetzung der Organisationsveränderung

Anhand von Veränderungsidee und Kontext sowie Erkenntnissen aus der Diagnose können Sie jetzt an der Vorgehensweise arbeiten. Mit der Veränderungsidee und dem Kontext ist die Saat für den Organisationswandel gelegt: Das „Warum" und die Veränderung sind bereits beschrieben und es ist klar, in welchem Umfeld die Veränderung stattfindet. Bei der Diagnose wurde beurteilt, wo die Organisation momentan steht, wo die Risiken liegen und worauf in der nächsten Phase des Entwurfs und der Durchführung des Veränderungsprozesses das Augenmerk zu richten ist. Jetzt ist es also an der Zeit festzulegen, an welchen Faktoren Sie in welcher Reihenfolge und wie arbeiten werden. An die Arbeit!

VON DER DIAGNOSE ZUM KONZEPT

Abbildung 2.15 4. Schritt, An die Arbeit!

Die Diagnoseergebnisse bilden die Grundlage für den 4. Schritt „An die Arbeit!", den ersten Schritt in der Entwicklung des Veränderungskonzepts. Dank der Diagnose wissen Sie, in welchem Bereich bzw. welchen Bereichen die Veränderungskraft Ihrer Organisation oder Abteilung oder Ihres Teams noch unzureichend ist.

Logische Reihenfolge bei der Vorgehensweise

Wenn Sie mit der Entwicklung Ihrer Vorgehensweise beginnen, kann es hilfreich sein, bei der Arbeit an den in der Diagnose als unzureichend bewerteten Faktoren eine bestimmte Reihenfolge einzuhalten. In den meisten Fällen gilt: Es ändert sich nichts ohne eine klare Veränderungsvision (Begründung und Effekt). Die Veränderungsfähigkeit (Fokus und Energie) muss auf diese Veränderungsvision abgestimmt sein. Die Verbindung stellt den Zusammenhang zwischen den verschiedenen Faktoren her. Diese Erwägungen führen zu einer für die Arbeit an den verschiedenen Faktoren logischen Reihenfolge:

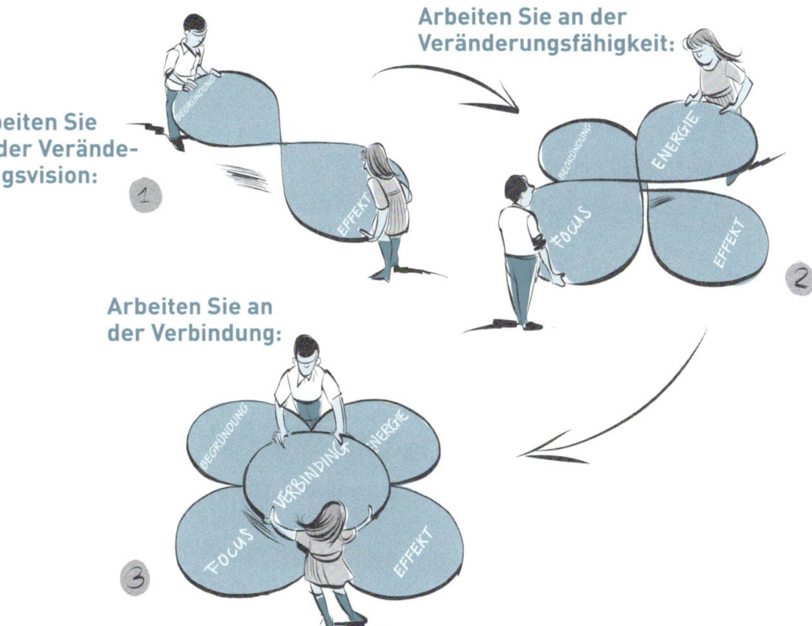

Diese an sich logische Reihenfolge muss nicht zwingend eingehalten werden: Die Diagnose kann ergeben, dass bei der Vorgehensweise andere Prioritäten gesetzt werden müssen. So sollte ein Faktor in kritischem Zustand immer oberste Priorität erhalten. Möglicherweise hat sich in der Diagnose ein hartnäckiges Muster abgezeichnet, wodurch (akut) besonderes Augenmerk auf einen (oder mehrere) Faktor(en) gelegt werden muss. Dies bestimmt dann auch die Prioritätensetzung bei der Vorgehensweise. Wenn viele Faktoren nach der Bewertung im roten Bereich liegen, zum Beispiel, weil die Veränderung gerade erst eingeleitet wurde oder noch relativ viel Unklarheit besteht, ist es ratsam, zunächst großes Augenmerk auf die Veränderungsvision zu legen und anschließend bei der Vorgehensweise die Veränderungsfähigkeit gründlich zu prüfen, denn die Veränderungsfähigkeit muss auf die Veränderungsvision abgestimmt werden und nicht alles kann gleichzeitig geschehen.

Außerdem gilt: Sobald Sie die Arbeit an einem bestimmten Faktor aufnehmen, hat dies immer Auswirkungen auf die anderen Faktoren, auch wenn Sie diese bei der Diagnose als ausreichend bewertet haben. Wenn Sie beispielsweise beschließen, einige Systeme zu überarbeiten (Arbeit am Fokus), weil sie nicht (mehr) zur Veränderung beitragen, hat dies Auswirkungen auf das verfügbare Budget, aber vielleicht auch auf das Engagement der Mitarbeiter (Energie). Überprüfen Sie deshalb regelmäßig, wie es um die verschiedenen Faktoren steht, indem Sie den 3. Schritt, die Diagnose, regelmäßig von Neuem durchlaufen, denn beim durchdachten Verändern geht es darum, die fünf Faktoren der Veränderungskraft kontinuierlich im Zusammenhang zu steuern.

Die Aktivitäten – was werden Sie nun genau tun?

Genau wie ein Arzt, der nach dem Stellen der Diagnose dem Patienten erläutert, welche Maßnahmen geplant sind, untersuchen Sie als Veränderer nun, welche Aktivitäten in der kommenden Zeit notwendig und geeignet sind, um der gewünschten Veränderung zum Erfolg zu verhelfen. Diese bezeichnen wir auch als Interventionen. Doch was ist eigentlich eine Intervention? Ein Telefongespräch, eine Unterhaltung in der Kantine, eine E-Mail, alles ist im Prinzip eine Intervention und hat daher auch immer eine bewusste oder unbewusste Wirkung. Bei diesem Schritt konzentrieren wir uns auf Interventionen, die sich bewusst zur Steigerung der Veränderungskraft und Umsetzung der Veränderung einsetzen lassen.

Deshalb definieren wir eine Intervention als:

- eine Aktion, groß oder klein
- auf Grundlage bestimmter Ausgangspunkte und Annahmen eingesetzt
- von einer und für eine benannte Gruppe von Menschen oder Einzelperson durchgeführt
- sich innerhalb eines festgelegten Zeitraums abspielend
- auf eine bestimmte Wirkung abzielend
- auf eine bestimmte Art und Weise ausgeführt

Die richtigen Interventionen können Sie aus einem reichhaltigen Angebot an Methoden und Instrumenten auswählen. Beispiele sind die Balanced Scorecard zur Aufstellung guter Leistungskennzahlen, die Einführung von Scrum für effizienteres Arbeiten oder Storytelling zur Darstellung der Veränderungsidee. Dabei ist es wichtig, dass Sie gründlich über den Faktor nachdenken, an dem Sie arbeiten möchten (Begründung, Effekt u. Ä.) und die Merkmale und Bedürfnisse Ihrer Organisation berücksichtigen. Zugleich sollten die Interventionen im Hinblick auf Ressourcen und Energie nicht mehr von der Organisation verlangen, als sie zu bieten hat.

Eine Intervention ist ohne die Wahl einer passenden Form, zum Beispiel Workshop, Brainstorming oder Spiel, nicht komplett. Sie können sich bei der Durchführung mehrerer Interventionen für ein und dieselbe Form entscheiden, aber auch jeder Intervention eine eigene Form verleihen. Bedenken Sie bei der Auswahl der Form(en) wieder sorgfältig, was zu Ihrer Organisation und der entsprechenden Phase des Veränderungsprozesses passt.

BEI EINER INTERVENTION WÄHLEN SIE NEBEN EINER METHODE ODER EINEM INSTRUMENT AUCH EINE PASSENDE FORM FÜR DIE DURCHFÜHRUNG DER AKTION AUS.

FRAGEN ZUR FESTLEGUNG DER VORGEHENSWEISE

- **An welchen Faktoren werden Sie in welcher Reihenfolge arbeiten?**
- **Was werden Sie in Bezug auf die einzelnen Faktoren tun?**

Arbeitsformen

BRAINSTORMING

Kreativitätstechnik, die darauf abzielt, schnell viele neue Ideen zu einem bestimmten Thema oder einer bestimmten Frage zu entwickeln, bei der ein Werturteil über die geäußerten Ideen zurückgestellt wird, bis alle Ideen gesammelt wurden

INTERVIEW UND/ODER GESPRÄCH

(Frage-)Gespräch, bei dem Menschen in einen Dialog treten, um auf strukturierte Weise Informationen voneinander zu erhalten

SITZUNG ODER VERSAMMLUNG

Besprechung mit (im Vorfeld erstellter) Tagesordnung, in der sich mehrere Personen über die gemeinsame Zukunft unterhalten und/oder Vereinbarungen darüber treffen

PILOTPHASE

Testphase, in der eine bestimmte Idee während eines vorab vereinbarten Zeitraums getestet wird

SPIEL

Spielform, deren Hauptzweck nicht die reine Unterhaltung ist und mit der Wahrnehmung und Informationsübermittlung intensiviert werden

PRÄSENTATION

Öffentliche Bereitstellung von Informationen und Übermittlung einer Botschaft beispielsweise durch die Präsentation eines Plans oder Produkts mit unterstützenden Mitteln, zum Beispiel den Programmen Powerpoint oder Prezi

CUSTOMER JOURNEY

Erfassung „der Reise" oder „des Weges", den beispielsweise ein Kunde oder Patient im Laufe des Arbeitsprozesses zurücklegt; bei einer Customer Journey wird aus der Perspektive eines Kunden oder Patienten visualisiert, welchen Prozess die betreffende Person in der Organisation durchläuft

INSPIRIERENDE TREFFEN

Treffen, bei denen informelle Führer oder Führungskräfte vor Mitarbeitern eine inspirierende Rede halten, zum Beispiel über die Zukunftspläne der Organisation oder ein wichtiges/bedeutungsvolles Ereignis

WORLD CAFÉ

Arbeitsform, die dazu dient, aus Untergruppen heraus einen lebendigen gemeinsamen Dialog rund um die wirklich wichtigen Fragen in Gang zu setzen

PRESSURE COOKER

Teilnehmer arbeiten unter Zeitdruck an einer Fragestellung; der Zeitdruck soll sich positiv auf die Entwicklung eines Lösungsansatzes auswirken

INSPIRIERENDES OFFSITE-MEETING (EIN- ODER ZWEITÄGIGE TAGUNG)

Zusammenkunft an einem externen oft abgelegenen Ort, wo sich in aller Ruhe Sitzungen, Seminare, Lesungen und Schulungen organisieren lassen

SOCIAL MEDIA/MEDIEN

Form (Mittel), bei der Online-Plattformen ohne oder mit minimaler Vermittlung durch eine professionelle Redaktion genutzt werden; Beispiele sind Facebook und Twitter

Wie Sie damit arbeiten können, erfahren Sie nach den einzelnen Faktoren des Veränderungskraft-Modells gegliedert auf den Seiten 82 bis 91.

[4] Im Literaturverzeichnis (Weiterführende Literatur) sind Quellen aufgeführt, die Sie unterstützend für die genannten Methoden und Mittel zurate ziehen können.

An die Arbeit mit dem Faktor Begründung

Was ist zu tun?

Die große Geschichte der Veränderung verfassen und/oder verbreiten, damit für die Beteiligten nachvollziehbar ist, warum die Veränderung gewünscht oder notwendig ist. Die Geschichte muss schlüssig und ansprechend sein.

Beispiel

Das Managementteam untermauert die große Geschichte der Veränderung mit den Ergebnissen der SWOT-Analyse und präsentiert das gewünschte Zukunftsbild Mitarbeitern in einer Tour durch alle Abteilungen (Roadshow).

<table>
<tr><th>AKTIVITÄT</th><th>VORSCHLÄGE FÜR METHODE(N) UND MITTEL</th><th>TIPPS!</th></tr>
<tr><td>Führen Sie Belege für die Notwendigkeit der Veränderung an.</td><td>• SWOT-Analyse (Stärken-Schwächen-Analyse)
• DESTEP-Analyse (demografisch, ökonomisch, sozio-kulturell, technologisch, ökologisch, politisch-rechtlich)
• Szenarioplanung
• Veränderungshistorie
• Unternehmens-/Organisations-leitbild, Vision, überzeugende Geschichte, Corporate Story
• Business Case
• Learning History</td><td>• Gehen Sie bei der Untermauerung der Geschichte von außen nach innen vor.
• Die Untermauerung sollte speziell auf Ihre Situation zugeschnitten und relevant sein: Vermeiden Sie nichtssagende Geschichten.</td></tr>
<tr><td>Beschreiben Sie, was die Veränderung beinhaltet und was Sie damit erreichen wollen.</td><td rowspan="2">Storytelling durch:
• Beschreibung in Dokument (z. B. Bericht oder Memo)
• Visualisierung und Verbreitung (u. a. Präsentationen, Infografiken, Zeichnungen, Animationen, Videos, Roadshow)</td><td rowspan="2">• Beschreiben Sie zur Verdeutlichung auch, worum es bei der Veränderung nicht geht.
• Denken Sie über verschiedene Formen und Momente nach, aber achten Sie auf den Zusammenhang der großen Geschichte.
• Lassen Sie sich von den Ideen des Storytellings inspirieren.
• Die Entscheidung, wem Sie Ihre Geschichte erzählen, sollten Sie bewusst treffen, denn dies kann die Unterstützung verstärken.</td></tr>
<tr><td>Achten Sie darauf, dass Sie den Beteiligten die Veränderungsgeschichte ansprechend vortragen.</td></tr>
</table>

An die Arbeit mit dem Faktor Effekt

Was ist zu tun?

Die kleine Geschichte entwickeln, damit allen Beteiligten klar ist, was die Veränderung für sie konkret bedeuten wird.

Beispiel

Nach einer vom Management abgehaltenen Präsentation der Veränderung werden die angestrebten Ergebnisse der Veränderung über qualitative Ziele (Objectives), quantitative Ziele (Goals), Strategien (Strategies) und Maßnahmen (Measures) (OGSM) auf den Jahresplan der Abteilung übertragen. Nun ist jeder und jedem klar, was im kommenden Jahr von ihr oder ihm erwartet wird.

<table>
<tr><th>AKTIVITÄT</th><th>VORSCHLÄGE FÜR METHODE(N) UND MITTEL</th><th>TIPPS!</th></tr>
<tr><td>Ermitteln Sie die relevanten Beteiligten (Zielgruppen), auf die sich die Veränderung bezieht.</td><td>• Zielgruppenanalyse</td><td>• Stellen Sie die Eigenschaften dieser Gruppen im Überblick bildlich dar und bilden Sie ab, wie diese sich zueinander verhalten und wie sie in die Veränderung einbezogen werden sollen.</td></tr>
<tr><td>Konkretisieren Sie die große Veränderungsgeschichte und verleihen Sie ihr eine Bedeutung für diese Zielgruppen (und Einzelpersonen).</td><td rowspan="3">• Schenken Sie durch die Planung von (Einzel-)Gesprächen zum Beispiel im Anschluss an bereits geplante Versammlungen Aufmerksamkeit: Hören Sie sich an, was die Menschen beschäftigt und welches ihre Bedürfnisse sind, und geben Sie, wenn möglich, gleich Erläuterungen und/oder sondieren Sie, was es bedeuten könnte.
• Präsentationen mit konkreten Beispielen (bewährte Methoden/best practices)
• PDCA-Zyklus (Plan, Do, Check, Act), Jahresplan-Systematik und/oder KPIs
• A3-Methode
• OGSM
• Balanced Scorecard
• INK-model/EFQM-Model
• Persönlicher (Entwicklungs-)Plan
• Entwicklung von Dashboards</td><td rowspan="3">• Versetzen Sie sich in die Zielgruppe hinein, um herauszufinden, was für sie relevant ist (Was haben sie davon?)
• Entwickeln Sie die kleine Geschichte so weit wie möglich gemeinsam mit denjenigen, auf die sich die Veränderung bezieht.
• Widmen Sie denjenigen Aufmerksamkeit, auf die sich die Veränderung (potenziell) negativ auswirkt.
• Überprüfen Sie, ob die Ziele aus dem Jahresplan zu individuellen (Entwicklungs-)Plänen passen.
• Nehmen Sie sich Zeit für die Evaluation und nutzen Sie die gewonnenen Erkenntnisse im weiteren Prozessverlauf: Es ist ein kontinuierlicher Prozess!</td></tr>
<tr><td>Sichern Sie die Ergebnisse der Veränderung in den Abteilungs- oder Teamplänen.</td></tr>
<tr><td>Führen Sie eine (Zwischen-)Evaluation der erzielten Ergebnisse der Veränderung durch.</td></tr>
</table>

An die Arbeit mit dem Faktor Fokus

Was ist zu tun?

Die bestehende Organisation (harte und weiche Aspekte) auf die angestrebte Veränderung abstimmen.

Beispiel

Im Dialog mit Mitarbeitern wurde erörtert, welches Verhalten für die Umsetzung der Veränderung erwünscht ist und welche hemmenden Faktoren vorliegen. Es wurde festgestellt, dass das derzeitige Belohnungssystem altes Verhalten noch zu stark aufrechterhält und eine Anpassung des Systems erforderlich ist.

AKTIVITÄT	VORSCHLÄGE FÜR METHODE(N) UND MITTEL	TIPPS!
Stimmen Sie die Veränderung auf andere getroffene (strategische) Entscheidungen ab.	• Führen Sie eine Überprüfung anhand strategischer Pläne und/oder anderer getroffener Entscheidungen durch. • Änderung/Erarbeitung der Strategie: - Werttreiber (Value Disciplines) - Business Model Canvas - Strategische Logik	• Machen Sie *Diskrepanzen* erkennbar und thematisierbar. • Ziehen Sie bei großen Diskrepanzen eine Änderung zuvor getroffener (strategischer) Entscheidungen in Erwägung. • Setzen Sie in Bezug auf getroffene Entscheidungen Prioritäten (nicht alles ist gleichzeitig möglich; denken Sie über die Reihenfolge nach).

AKTIVITÄT	VORSCHLÄGE FÜR METHODE(N) UND MITTEL	TIPPS!
Passen Sie die Organisations- oder Abteilungsstruktur und -steuerung an.	• (Überarbeitung von) Organisationskonzepte(n) • Policy Deployment • Verdeutlichung von Tätigkeitsprofilen (Aufgaben und Zuständigkeiten)	• Treffen Sie wohlüberlegte Entscheidungen in Bezug auf die Frage, was Sie zur Förderung der geplanten Veränderung anpassen: Struktur, Steuerung, Prozesse und/oder Verhalten. • Durchlaufen Sie zur Entwicklung bzw. Umgestaltung von Organisations- oder Abteilungsstrukturen einen geordneten Prozess mittels Leitprinzipien, Entwurfskriterien, Ordnungsprinzip etc. • Denken Sie an informelle Organisationsstrukturen und schließen Sie, wo dies möglich ist, daran an. • Berücksichtigen Sie andere Entscheidungen und Prioritäten, die neben der geplanten Veränderung eine Rolle spielen. • Achten Sie bei der Arbeit an der Unternehmenskultur besonders auf konkretes Verhalten, das Sie verändern wollen, denn daran lässt sich besser ansetzen als an „der Kultur". • Organisations- und Kernwerte sind erst dann richtungsweisend, wenn ihnen durch Dialog, Vorbildverhalten von Galionsfiguren und die Hervorhebung bewährter Methoden in der Praxis Bedeutung verliehen wird.
Optimieren Sie bestehende Arbeitsprozesse und -verfahren.	• Lean • Six Sigma • Agile (z. B. Scrum)	
Fördern Sie gewünschtes Verhalten.	• Weiterentwicklungs- und Bewertungssysteme (u. a. Jahresgespräch, 360-Grad-Feedback und Kompetenzprofile), die zur angestrebten Veränderung passen • Workshops, die dazu dienen, gemeinsam die Organisations- und Kernwerte zu formulieren und ihnen Bedeutung zu verleihen (und sie so weit wie möglich zu konkretisieren) • Treffen Sie Vereinbarungen, über die Art und Weise, wie man auf gewünschtes Verhalten angesprochen wird. • Denken Sie über die Einrichtung von Systemen und/oder Prozessen nach, die dazu führen, dass das gewünschte Verhalten zur logischen Folge wird.	

An die Arbeit mit dem Faktor Energie

Was ist zu tun?

Die Fähigkeit zur Umsetzung der Veränderung steigern, sodass die richtigen Leute an Bord kommen und hinter der Veränderung stehen und genügend Ressourcen verfügbar sind.

Beispiel

Um Mitarbeiter in die Lage zu versetzen, einen Beitrag zur Veränderung zu leisten, wurden die Kompetenzen von Mitarbeitern erfasst. Anhand dieser Bestandsaufnahme wurde beschlossen, einigen Mitarbeitern eine externe Schulung anzubieten und alle Teams bei der Arbeit von einem Teamcoach begleiten zu lassen.

AKTIVITÄT	VORSCHLÄGE FÜR METHODE(N) UND MITTEL	TIPPS!
Entwickeln Sie die gewünschte Führung.	• Führungsprogramm	• Überlegen Sie im Dialog, welche Führung gewünscht wird; führen Sie keinen Scheindialog. • Vorbildverhalten ist wichtig
Mobilisieren Sie Unterstützung: Motivieren Sie Mitarbeiter, einen Beitrag zur Veränderung zu leisten.	• Einzelgespräche • Erfassung vorhandener Kompetenzen • Anwerbung und Auswahl • Schulung und Training	• Analysieren Sie gründlich, worauf Widerstand zurückzuführen ist (Wollen oder Können), bevor Sie ermitteln, wie sich die Motivation steigern lässt.
Entwickeln Sie benötigte Kenntnisse und Fertigkeiten der Mitarbeiter weiter.		• Trainieren Sie nicht nur *außerhalb* des Arbeitsplatzes, sondern auch *direkt* am Arbeitsplatz, „on the job" • Verfolgen Sie die Weiterentwicklung von Mitarbeitern kontinuierlich und prüfen Sie stets von Neuem, was für die Steigerung der Leistungsfähigkeit notwendig ist
Stellen Sie die benötigten Ressourcen (Zeit, Geld und andere Mittel) zur Verfügung.	• Budgetierung • Kapazitätsplanung	• Sorgen Sie rechtzeitig für die Zuweisung von Budgets und den Einsatz von Mitarbeitern • Räumen Sie den Personen, die in der Organisation wirklich wichtig sind, Zeit ein.

An die Arbeit mit dem Faktor Verbindung

Was ist zu tun?

Ein Konzept für die Organisationsveränderung erarbeiten, um eine klare Steuerung der Veränderung zu ermöglichen, und zwar mit klaren Zielsetzungen, übertragen in einen konkreten Aktionsplan.

Beispiel

Der zum Kernteam gehörende Kommunikationsmanager stellt jeden Monat der gesamten Organisation ein Video-Update über die Fortschritte der Veränderung bereit. Die Mitarbeiter der beteiligten Abteilungen werden ergänzend in der Teambesprechung von ihrem eigenen Manager informiert.

AKTIVITÄT	VORSCHLÄGE FÜR METHODE(N) UND MITTEL	TIPPS!
Erstellen Sie einen Gesamtplan, in dem Phaseneinteilung, Vorgehensweise und Aktivitäten klar definiert sind.	• Veränderungsplan • Programm- oder Projektplan	• Das Change Canvas bietet Ihnen die wichtigsten Bestandteile für Ihren Veränderungsplan: Jeder Veränderungsplan ist Maßarbeit! • Eine Veränderung kann ein oder mehrere Projekte umfassen.

AKTIVITÄT	VORSCHLÄGE FÜR METHODE(N) UND MITTEL	TIPPS!
Sorgen Sie für eine gute Steuerung der Veränderung (eine Veränderungsorganisation).	• Richten Sie verschiedene Gremien ein (Lenkungsausschuss, Kernteam und Arbeitsgruppe(n)). • Differenzieren Sie zwischen verschiedenen Rollen (Change Manager, Berater, Projektleiter und Arbeitsgruppenmitglieder).	• Sorgen Sie für eine zum Umfang, zur Durchlaufzeit und zu den Auswirkungen der Veränderung passende Veränderungsorganisation und Besprechungsstruktur. • Sorgen Sie für eine gute Beschreibung von Rollen und Verantwortlichkeiten und stellen Sie sicher, dass alle darunter das Gleiche verstehen.
Stimmen Sie die Veränderung auf andere relevante Entwicklungen und Initiativen in der Organisation ab.	• Verfolgen Sie die Tagesordnungen von Besprechungen und die Beschlussfassung aufmerksam. • Beraten Sie sich mit an anderen Entwicklungen/Projekten beteiligten Schlüsselfiguren.	• Achten Sie sorgfältig darauf, wo laufende Initiativen die Veränderung verstärken oder aber behindern. • Tagesordnungen von Besprechungen bieten oft viel Einblick in laufende Vorgänge.
Stellen Sie den Beteiligten rechtzeitig die richtigen Informationen bereit.	• Kommunikationsmatrix • Intranet und Teamsites • Dokumentenmanagementsysteme • Kommunikationsplan	• Stimmen Sie Ihre Kommunikation auf die Zielgruppe ab (in Inhalt, Medium, Stil und Häufigkeit). • Differenzieren Sie in der Botschaft klar zwischen Prozess und Inhalten. Wichtiger Hinweis: Auch wenn (inhaltlich) noch nicht alles bekannt ist, ist es wichtig zu informieren. • Wiederholung der Veränderungsvision stärkt die Veränderung. • Alles ist eine Intervention: Auch keine oder unbewusste Kommunikation hat eine Wirkung.

Beim Verändern bleibt Fachkompetenz gefragt!

Das Change Canvas ist ausgefüllt. Jetzt kann es weitergehen. Die Veränderungsidee, der Kontext, die Diagnose und die Vorgehensweise bieten einen Einblick in die umzusetzende Veränderung und weisen ihr die Richtung. Zur Vollendung der gewählten Vorgehensweise, die für alles, was in der kommenden Zeit zu geschehen hat, richtungsweisend sein wird, sollten Sie klare Vereinbarungen treffen. Menschen und Organisationen sind gut darin, Tage an einem abgelegenen Ort bei einem Offsite-Meeting zu verbringen. Sie gehen mit einer hervorragenden Diagnose und guten Plänen für die Vorgehensweise nach Hause, die gewiss zur Umsetzung der Veränderung beitragen werden. Doch wenn man an den Arbeitsplatz zurückgekehrt ist, nimmt einen das Tagesgeschäft in Beschlag und verflüchtigen sich die guten Vorsätze. Deshalb sollten Sie das Meeting nicht beenden, ohne dass die Aktivitäten sorgfältig zugewiesen wurden und auf das Erreichen von Zielen hingesteuert werden kann.

Wie bereits erwähnt, ist eine Veränderung kein linearer, sondern ein dynamischer Prozess. Deshalb muss das ausgefüllte Change Canvas regelmäßig aktualisiert werden: Tun wir immer noch das Richtige oder gab es Ereignisse innerhalb (oder außerhalb) der Organisation, die einen anderen Ansatz erforderlich machen? Stimmt unsere Diagnose und damit unsere Vorgehensweise noch? Hat die Arbeit an einem bestimmten Faktor (unerwartete) Auswirkungen auf andere Faktoren? Beim Wechsel zwischen Wahl der richtigen Vorgehensweise und Abstimmung auf Ereignisse in Organisation und Umfeld ist Professionalität gefragt und somit, wenn nötig, auch eine Verringerung des Tempos. Auch Flexibilität bei der Entwicklung der richtigen Schritte und rechtzeitige Korrekturen sind erforderlich. Kurz gesagt: Verändern erfordert Aufmerksamkeit und Fachkompetenz.

„Wenn man einem Ei durch fünfminütiges Erhitzen in einem Topf mit kochendem Wasser 100.000 Joule Energie zuführt, erhält man ein gekochtes Ei. Doch wenn es das Ziel wäre, ein Küken auszubrüten, benötigten Sie das 1000-Fache an Energie und das 6000-Fache an Zeit. Der Zeitdruck, den viele Manager wahrnehmen, führt dazu, dass sie mit begrenzter Energie in fünf Minuten ein Küken fabrizieren wollen."

(Aus: ten Have et al., Veranderkracht – succesvol doelen realiseren, 2012, S. 143)

Change Canvas

Organisation, Abteilung oder Team:

Datum:

VERÄNDERUNGSIDEE

Warum

Warum soll diese Veränderung stattfinden?

Was

Was beinhaltet die Veränderung?

KONTEXT

Externe Entwicklungen: In welchem Umfeld oder Sektor befindet sich die Organisation, die Abteilung oder das Team und welche relevanten Entwicklungen vollziehen sich dort?

Interne Entwicklungen: Was spielt sich momentan in unserer Organisation, unserer Abteilung oder unserem Team ab, das möglicherweise die Veränderung beeinflusst?

Stakeholder: Welche Personen und Organisationen müssen wir auf jeden Fall berücksichtigen, damit genügend Unterstützung erreicht wird?

AN DIE ARBEIT!

- An welchen Faktoren werden Sie in welcher Reihenfolge arbeiten?
- Was werden Sie in Bezug auf die einzelnen Faktoren tun?

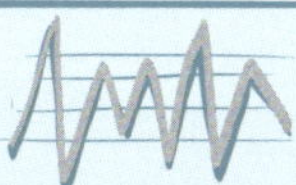

DIAGNOSE

- Wie lautet die Diagnose?
- Macht diese Diagnose eine Anpassung der Veränderungsidee erforderlich?
- Beinhaltet diese Diagnose ein bekanntes Muster oder Risiko, worauf Sie bei der Festlegung der Vorgehensweise (4. Schritt) besonderes Augenmerk legen sollten?

BEGRÜNDUNG + –

- Ist das „Warum“ der Veränderung gut untermauert?
- Ist das „Warum“ ansprechend?
- Ist klar, was sich ändern muss, um das letztliche Ziel zu erreichen?

FOKUS + –

- Tragen die zuvor getroffenen (strategischen) Entscheidungen der Organisation zur Umsetzung der Veränderung bei?
- Trägt der derzeitige Aufbau der Organisation (Struktur, Steuerung, Systeme und Prozesse) zur Umsetzung der Veränderung bei?
- Passen die derzeitigen Werte der Organisation und die Art der gemeinsamen Zusammenarbeit zur Veränderung?

VERBINDUNG + –

- Gibt es einen Gesamtplan (der Angaben zu Phaseneinteilung, Verantwortlichkeiten, Vorgehensweise und Aktivitäten enthält), mit dem die Veränderung umgesetzt werden kann?
- Ist die Veränderung gut auf andere Entwicklungen und Initiativen in der Organisation abgestimmt?
- Wird rechtzeitig und auf Grundlage der richtigen Informationen über die Veränderung kommuniziert?

ENERGIE + –

- Sind die derzeitigen Führungskräfte ausreichend in der Lage, ihre Mitarbeiter während der Veränderung zu begleiten?
- Ist genügend Unterstützung vorhanden und ist das derzeitige Personal zur Umsetzung der Veränderung imstande?
- Sind ausreichende Ressourcen (Zeit, Geld und andere Mittel) für die Umsetzung der Veränderung verfügbar?

EFFEKT + –

- Ist klar, welche konkreten Ergebnisse die Veränderung erbringen wird?
- Werden die (positiven und negativen) Konsequenzen für die Beteiligten berücksichtigt?
- Werden die (Zwischen-)Ergebnisse der Veränderung im Blick behalten?

3 Arbeiten mit dem Change Canvas

Arbeiten mit dem Change Canvas

Eine Erläuterung zu den verschiedenen Anwendungsmöglichkeiten des Change Canvas

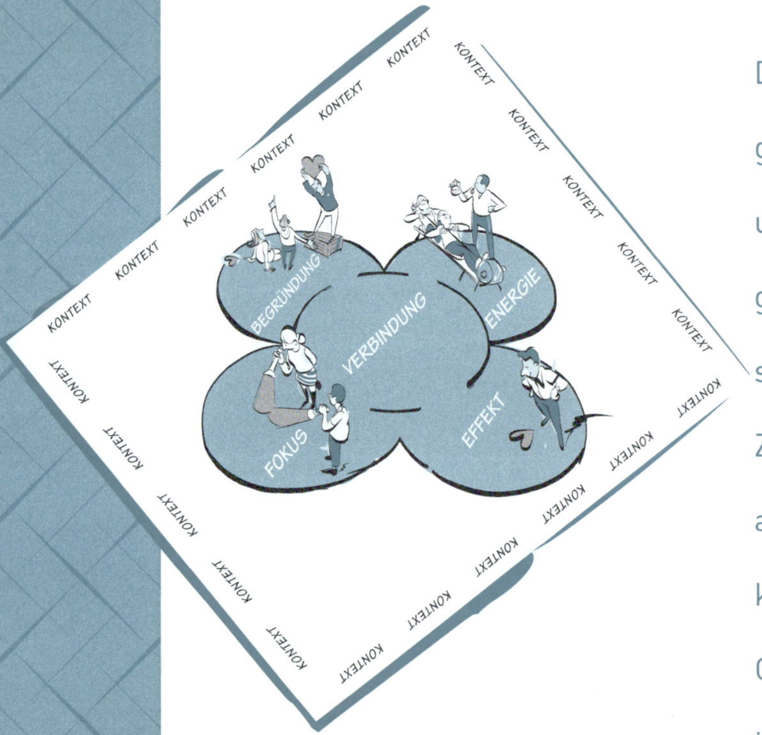

Die Arbeit mit dem Change Canvas bietet vielfältige Gestaltungsmöglichkeiten. Ihre Auswahl hängt unter anderem davon ab, wie weit man in die Tiefe gehen möchte, welche Art der Interaktion als passend oder unpassend erachtet wird und wie viel Zeit zur Verfügung steht. Das Change Canvas kann auch zu unterschiedlichen Zeitpunkten zum Einsatz kommen. Außerdem ist die Arbeit mit dem Change Canvas *an sich* eine bedeutsame Intervention: Sie ist Teil des Veränderungsprozesses.

Abbildung 3.1

Bevor Sie beginnen

Bevor Sie mit dem Change Canvas beginnen, sollten einige Punkte geklärt werden, zum Beispiel: Mit wem mache ich mich zu welchem Zeitpunkt an die Arbeit? Wie viel Zeit steht zur Verfügung? Entscheiden Sie sich für eine externe Begleitung? Was umfasst die Fragestellung und was nicht? Klarheit im Vorfeld über diese Fragen trägt dazu bei, dass der Prozess reibungslos verläuft, zwischenzeitlich keine Verwirrung entsteht und die Beteiligten keine vollkommen unterschiedlichen Erwartungen haben.

Mit wem mache ich mich an die Arbeit?

Veränderungen in Organisationen finden gewöhnlich auf allen Ebenen und in allen Fachgebieten oder Arbeitsbereichen statt; daher kann das Change Canvas für jede einzelne Person und auf jeder Ebene einer Organisation einen Mehrwert bieten. Sie können das Change Canvas (regelmäßig) für sich selbst ausfüllen, um den Veränderungsprozess in den Griff zu bekommen, die Kontrolle darüber zu behalten und sich bewusst zu machen, worauf das Augenmerk innerhalb des Prozesses momentan gerichtet sein sollte. Eine Veränderung wird jedoch von verschiedenen Interessenträgern beeinflusst. Jede Person in der Organisation, der Abteilung oder dem Team hat eigene Herausforderungen zu meistern und Verantwortlichkeiten zu tragen und folglich eine eigene Perspektive auf das, was kommen wird. Wir empfehlen dringend, das Change Canvas gemeinsam in einem Team zu nutzen, in dem möglichst viele verschiedene Perspektiven und Interessen im Hinblick auf die Veränderung vertreten sind. Interessen, die anfangs nicht oder nicht ausreichend vertreten sind, werden sich zweifellos im weiteren Verlauf des Veränderungsprozesses noch durchsetzen, insbesondere bei tief greifenden Veränderungen, die Auswirkungen auf viele Mitarbeiter haben.

Worauf haben Sie Einfluss?

Sich über Dinge zu unterhalten, auf die man keinen Einfluss hat, kann interessant sein, aber führt selten zu konkreten Ergebnissen und oft zu Frustrationen. Stephen Covey (1991) differenziert zwischen zwei Bereichen: einem Betroffenheitsbereich (*Circle of Concern*) und einem Einflussbereich (*Circle of Influence*). Der Betroffenheitsbereich umfasst alle Themen, von denen Sie betroffen sind. Dabei kann es sich um ganz unterschiedliche Angelegenheiten handeln, vom Wetter bis hin zu Politik, zur Mission der Organisation etc. Innerhalb dieses großen Bereichs liegt der Einflussbereich. Er umfasst die Angelegenheiten, auf die Sie tatsächlich Einfluss ausüben können. In diesem Bereich liegen bei Weitem nicht alle Themen, von denen Sie auch betroffen sind.

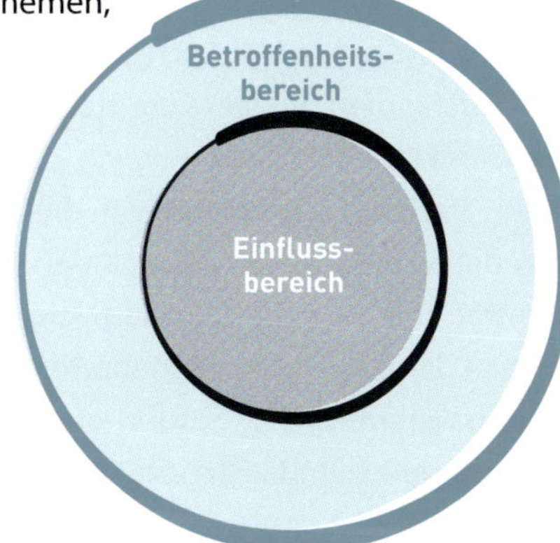

Abbildung 3.2
Der Betroffenheitsbereich mit dem darin liegenden kleineren Einflussbereich

Damit die Energie bei der Arbeit mit dem Change Canvas nicht verpufft, ist es hilfreich zu vereinbaren, sich ausschließlich auf Themen zu konzentrieren, auf die Sie tatsächlich Einfluss ausüben können. Dies führt zu einer Fokussierung und zur Entwicklung einer praktikablen Vorgehensweise.

Wie weit wollen Sie in die Tiefe gehen?

Wie weit Sie beim Ausfüllen des Canvas in die Tiefe gehen, können Sie abhängig vom Ziel des Einsatzes dieser Change-Management-Intervention (und der dafür zur Verfügung stehenden Zeit) festlegen. So kann man das Change Canvas ausfüllen, um ein Gespür für die Veränderung zu entwickeln und herauszufinden, welche logischen Schritte in Veränderungsprozessen unternommen werden können. Doch es lässt sich auch für eine umfangreiche Diagnose als Auftakt für ein detailliertes Veränderungskonzept nutzen, das allen verdeutlicht, was in der kommenden Zeit zu tun ist.

Wie viel Zeit wird benötigt?

Das Durchlaufen der vier Schritte erfordert Zeit und Aufmerksamkeit. Es ist zwar möglich, die vier Schritte in nur einem Treffen zu durchlaufen, in diesem Fall sollten Sie aber dafür mindestens vier Stunden vorsehen, damit dieses wichtige Thema nicht nur oberflächlich behandelt wird. Sie können dem Canvas auch mehrere Termine widmen, indem Sie beispielsweise drei gesonderte Treffen anberaumen: eines für den 1. und 2. Schritt, eines für den 3. Schritt und eines für den 4. Schritt. Es ist sinnvoll, sich insbesondere für die Diagnose genügend Zeit zu nehmen, da diese den Kern der durchdachten Arbeit an einer Veränderung bildet. Wie viel Zeit benötigt wird, hängt natürlich auch von der Größe der Gruppe, mit der Sie das Change Canvas ausfüllen, und der dafür gewählten Form ab.

Machen wir es selbst oder lassen wir uns begleiten?

Mit diesem Buch verfolgen wir das Ziel, allen, die an Veränderungen arbeiten, einen besseren Zugang zum Fachgebiet Change Management zu bieten. Anhand der Erläuterungen zu den einzelnen Schritten des Change Canvas in Kapitel 2 und der zugehörigen Hilfsfragen können alle mit dem Canvas arbeiten. Je nach Art und Umfang der Veränderung kann es jedoch sinnvoll sein, zusätzlich eine unterstützende Begleitung zu organisieren. Gute Begleiter betreuen den Prozess Schritt für Schritt und es gelingt ihnen, immer im richtigen Moment die richtigen Fragen zu stellen. Sie leisten dadurch einen wertvollen Beitrag zu einem positiven Ergebnis, mit dem alle Beteiligten einverstanden sind. Selbstverständlich kann es sich bei diesen Begleitern um Personen aus der eigenen Organisation handeln, aber auch um externe Begleiter mit Expertise im Bereich des Change Managements.

Vor Beginn ... Check-in

Es ist sinnvoll, einen sogenannten „Check-in“ durchzuführen, bevor Sie mit einer Change-Canvas-Sitzung beginnen. Die Person, die das Ganze initiiert oder begleitet, erzählt zu Beginn kurz, warum die Sitzung stattfindet und was es über die bevorstehende oder laufende Veränderung zu berichten gibt. Anschließend stellen sich die Anwesenden kurz vor, damit die verschiedenen Perspektiven erkennbar werden und alle wissen, wer am Tisch sitzt. Bei einer solchen Vorstellungsrunde können Sie beispielsweise folgende Fragen stellen:

- Wer sind Sie und welche spezifische Rolle/Funktion haben Sie im Hinblick auf diese Veränderung?
- Wie betrifft Sie diese Veränderung persönlich?
- Was müssen Sie noch zur Sprache bringen, bevor wir beginnen?
- Welche Erwartungen haben Sie hinsichtlich dieses Treffens und wann sind Sie zufrieden?
- Wie bleiben Sie über die bevorstehende Veränderung auf dem Laufenden und wie sind Sie daran beteiligt?

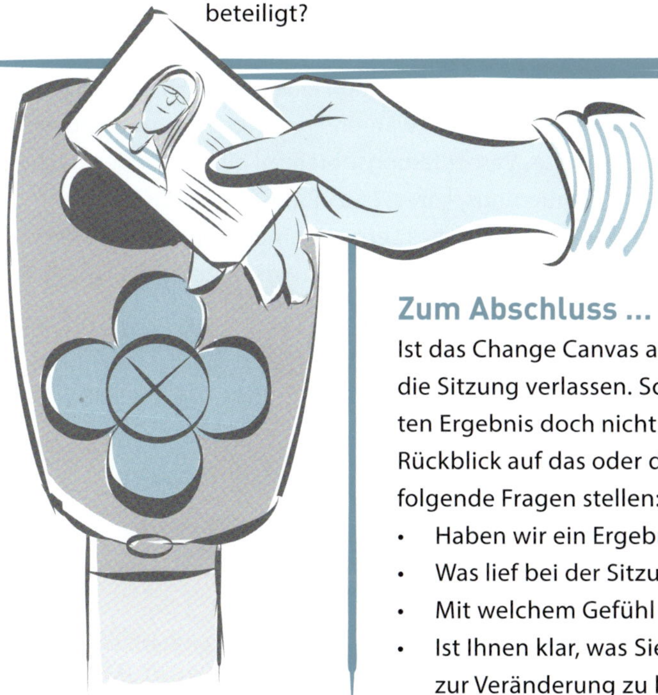

Zum Abschluss ... Check-out

Ist das Change Canvas ausgefüllt, ist es wichtig zu erfahren, mit welchem Gefühl die Anwesenden die Sitzung verlassen. So vermeiden Sie, dass Teilnehmer später erkennen lassen, mit dem erzielten Ergebnis doch nicht einverstanden zu sein. Nehmen Sie sich kurz Zeit für einen Abschluss und Rückblick auf das oder die Treffen. Bei einer solchen Abschlussrunde können Sie beispielsweise folgende Fragen stellen:

- Haben wir ein Ergebnis erzielt, mit dem wir fortfahren können?
- Was lief bei der Sitzung gut und welche Aspekte sind zu beachten?
- Mit welchem Gefühl verlassen Sie diese Sitzung?
- Ist Ihnen klar, was Sie in der kommenden Zeit tun können oder sollten, um einen Beitrag zur Veränderung zu leisten?

Zeitpunkte für das Ausfüllen

Zu Beginn des Veränderungsprozesses

Im Idealfall wird das Change Canvas ausgefüllt, wenn (ungefähr) klar ist, welche Veränderung stattfinden wird. Die Veränderungsidee liegt vor, aber der Veränderungsprozess hat noch nicht wirklich begonnen. Nun können Sie frühzeitig eine geeignete Vorgehensweise entwickeln und das Risiko später notwendiger Reparaturen begrenzen. Sie haben dann in den einzelnen Phasen der Implementierung der Veränderung die Möglichkeit, wieder zum ausgefüllten Change Canvas zu greifen, um zu prüfen, ob Sie noch immer auf dem richtigen Weg sind. Vielleicht haben sich bestimmte Elemente (zum Beispiel der Kontext oder die Diagnose) geändert, wodurch für die nächste Phase eine andere Vorgehensweise notwendig ist. So steuern Sie die Veränderung durchdacht und werden der zu Veränderungsprozessen gehörenden Dynamik gerecht.

Während einer Veränderung

Das Change Canvas wird in der Praxis oft ausgefüllt, wenn die Veränderung bereits eingeleitet wurde. Selbstverständlich ist das Change Canvas auch in diesen Fällen für eine durchdachte Fortführung des Veränderungsprozesses gut einsetzbar. Es ist hilfreich, vor dem Ausfüllen des Canvas eine gute Vorstellung vom derzeitigen Stand der Veränderung, vom bisher bereits Erreichten und den dafür eingesetzten Mitteln zu haben, damit diesbezüglich keine unnötige Verwirrung entsteht. In diesen Fällen kann es auch sinnvoll sein, von Beginn an in die Veränderung einbezogene Personen zu bitten, sich am Ausfüllen des Change Canvas zu beteiligen.

Nach einer Veränderung

Zum Schluss ist noch zu erwähnen, dass Sie das Change Canvas auch für die Evaluation einer Veränderung nutzen können. Was ist Ihnen während des Prozesses gut gelungen und welches Verbesserungspotenzial gibt es für den nächsten Veränderungsprozess? So eingesetzt ist das Change Canvas ein spezifisches Lerninstrument für eine gute Vorbereitung auf künftige Veränderungsprozesse.

Eines führt zum anderen

Damit Sie die Veränderung wirklich in den Griff bekommen und unter Kontrolle behalten, empfiehlt es sich, das Change Canvas in allen drei Phasen (vor, während und nach der Veränderung) anzuwenden. In vielen Fällen erfordert die Vorgehensweise, die Sie zu Beginn der Veränderung entwickelt haben, in einem späteren Stadium Anpassungen. Vermögensverwalter sind es gewohnt, ihre zuvor erstellten Vermögenspläne ständig an Kursbewegungen an der Börse anzupassen. Veränderer müssen auch über diese Flexibilität verfügen. Das ausgefüllte Change Canvas verlangt eine regelmäßige Aktualisierung: Stimmt noch alles? Denn man möchte frühzeitig erkennen, ob eine Anpassung der Vorgehensweise oder sogar der Veränderungsidee nötig ist. Darüber hinaus können bestimmte Aktivitäten im 4. Schritt ein neues, eigenes Change Canvas erfordern. Wenn beispielsweise beschlossen wird, den Aufbau einer Abteilung zu ändern, ist dies eine weitere Veränderung, für die ein neues Canvas ausgefüllt werden kann.

Abbildung 3.3 Ein Canvas kann ein Canvas zur Folge haben

Formen des Change Canvas

Der Prozess der Erstellung eines Change Canvas kann viele verschiedene Formen annehmen. Wie Sie ihn gestalten, hängt von der zur Verfügung stehenden Zeit und der gewünschten Ausarbeitungstiefe ab. Manchmal wird das Change Canvas auf dem sprichwörtlichen Bierdeckel ausgefüllt, manchmal wird ein mehrtägiges Offsite-Meeting organisiert und zur Ergründung der Veränderung mit einem Team in die Tiefe gegangen. Gearbeitet werden kann dann beispielsweise mit einem ausgedruckten Change Canvas im A3-Format (für kleinere Gruppen gut einsetzbar) oder im A0-Format, das sich gut sichtbar aufhängen lässt. Sie können auch eine interaktive Sitzung zur Arbeit am Change Canvas organisieren. Dabei lässt sich ein begehbares Tuch verwenden, auf dem das Veränderungskraft-Modell abgebildet ist. Außerdem wurde ein Fragebogen entwickelt, mit dem sich eine detaillierte Diagnose (3. Schritt) erstellen lässt. Es kann je nach gewünschter inhaltlicher Tiefe und angestrebtem Interaktionsgrad das Passende ausgewählt werden.

Wir stellen Ihnen im Weiteren vier spezielle Formen vor, die sich insbesondere beim 3. Schritt, der Diagnose, und beim 4. Schritt „An die Arbeit!" einsetzen lassen.

Abbildung 3.4 Das Veränderungskraft-Modell als begehbares Tuch

Workshop

Für das gemeinsame Ausfüllen des Change Canvas kann ein Workshop mit der Dauer von eineinhalb Tagen (bzw. 3 halben Tagen) geplant werden. Je nach Umfang der Fragestellung und der Zahl der Teilnehmer, die gemeinsam das Change Canvas ausfüllen, ist bei Bedarf eine Verkürzung möglich. Wenn man von eineinhalb Tagen ausgeht, ist es günstig, den gesamten Workshop auf drei halbe Tage zu verteilen, an denen das Canvas systematisch durchgegangen wird.

1. halber Tag

1. Schritt Veränderungsidee und **2. Schritt** Kontext

Nach einem gemeinsamen Check-in (siehe Seite 99) kann die Person, die das Treffen initiiert oder begleitet, eine kurze Erläuterung zum Change Canvas und zur Arbeitsweise beim Ausfüllen geben. Nach dieser Erläuterung ist es wichtig, den 1. und 2. Schritt gemeinsam zu durchlaufen. Dies kann erfolgen, indem Initiatoren oder Begleiter diese beiden Schritte zur Vorbereitung auf das Treffen bereits ausgearbeitet haben und beim Treffen eine erste Erläuterung geben oder indem die Teilnehmer diese Schritte gemeinsam gestalten. Für Letzteres ließe sich beispielsweise die Arbeitsform Brainstorming einsetzen. In dieser Phase ist es auch ratsam zu prüfen, ob in der Organisation bereits Informationen vorliegen, die man beim Durchlaufen des 1. und 2. Schritts verwenden könnte (zum Beispiel verfügbare Umwelt- und Stakeholderanalysen). Es ist wichtig, dass alle Teilnehmer über die endgültige Formulierung der Veränderungsidee und des Kontexts untereinander Übereinstimmung erzielen, um zu vermeiden, dass es (zu einem späteren Zeitpunkt) zu unterschiedlichen Interpretationen kommt.

2. halber Tag

3. Schritt Diagnose

Wenn alle die gleichen Vorstellungen über den 1. und 2. Schritt haben, kann mit dem 3. Schritt, der Diagnose, begonnen werden. Eine kreative Arbeitsform, die bei diesem Schritt einen produktiven Dialog in Gang bringt, ist das World Café. Bei der Arbeitsform World Café erstellen Sie eine gemeinsame Mindmap, die unterschiedliche Ideen, Erkenntnisse und Perspektiven rund um ein bestimmtes Thema verbindet. Je nach Teilnehmerzahl werden mindestens fünf Tische aufgestellt. An den einzelnen Tischen wird unter Begleitung eines Gastgebers oder einer Gastgeberin jeweils einer der fünf Faktoren (Begründung, Effekt, Fokus, Energie und Verbindung) besprochen. In mindestens drei Gesprächsrunden rücken die Teilnehmer in jeder Runde einen Tisch weiter. Bevor die erste Runde beginnt, werden die Teilnehmer gebeten, sich einige Minuten Zeit zu nehmen, um die drei Fragen zu dem Faktor, der am betreffenden Tisch diskutiert wird, für sich selbst zu beantworten. Diese Antworten notieren sie einschließlich einiger Beispiele zur Untermauerung der Antworten. Anschließend findet am Tisch ein Austausch über diese Antworten statt. Aufgabe der Gastgeber ist es nachzuhaken, was die einzelnen Personen genau meinen. Es kommt nicht selten vor, dass man aneinander vorbeiredet oder nur scheinbar Übereinstimmung herrscht. Nehmen Sie sich genügend Zeit, einander wirklich richtig zu verstehen.

Die Gastgeber beenden die Runde und ziehen eine Schlussfolgerung aus dem Besprochenen. Sie bleiben am Tisch sitzen und die übrigen Teilnehmer rücken zum nächsten Tisch vor. In der nächsten Runde beginnen die Gastgeber mit einer Erläuterung des in der vorherigen Runde Besprochenen. Die Teilnehmer werden anschließend erneut gebeten, sich zunächst für sich selbst Gedanken darüber zu machen, was sie dem gesagten hinzufügen möchten. Nachdem sie dies für sich selbst notiert haben, tauscht man sich in der Gruppe über die Ergänzungen aus, und die Schlussfolgerung aus der ersten Runde wird verbessert und/oder ergänzt. Dies können Sie in mehreren Runden bis zu dem Moment weiterführen, an dem keine neuen Erkenntnisse mehr hinzukommen. Danach kommt man wieder im Plenum zusammen. Die Gastgeber teilen die Schlussfolgerungen für die einzelnen Faktoren mit und diese werden ins Change Canvas eingetragen. Dann gilt es, gemeinsam das Gesamtbild der Diagnose zu erstellen und die zugehörigen Fragen zu beantworten. (Wie lautet die Diagnose? Macht diese Diagnose eine Anpassung der Veränderungsidee erforderlich? Beinhaltet die Diagnose ein bekanntes Muster oder Risiko, worauf Sie bei der Festlegung der Vorgehensweise besonderes Augenmerk legen sollten?)

3. halber Tag

4. Schritt „An die Arbeit!"

Am dritten und letzten halben Tag ist es an der Zeit, auf Grundlage der gestellten Diagnose über die Umrisse des Veränderungskonzepts nachzudenken. Je nach Diagnose können Sie entscheiden, die Gruppe aufzuteilen und in Kleingruppen über die Aktivitäten nachzudenken, die für die einzelnen Faktoren, an denen gearbeitet werden muss, erforderlich sind. Falls die Arbeit auf mehrere Gruppen verteilt wird, bringen Sie sie immer wieder zusammen und stellen Sie einen gemeinsamen Katalog von Aktivitäten auf. Verleihen Sie anschließend diesem Aktivitätenkatalog mehr Substanz, indem Sie über folgende Fragen nachdenken: In welchem Zeitraum und in welcher Reihenfolge sollen die Aktivitäten stattfinden? Wer ist wofür verantwortlich? Welche Arbeitsformen können eingesetzt werden? Wie wird kommuniziert? etc. Die Zusammenfassung der gewählten Vorgehensweise wird im Change Canvas notiert.

Fazit: Die (zusammengefassten) Ergebnisse jedes Schritts wurden jeweils in das Change Canvas eingetragen. Das bedeutet, dass die Diagnose steht und ein erster Schritt in der Entwicklung des Veränderungskonzepts getan wurde. Entscheidend ist, dass Workshop-Begleiter dieses Endergebnis in einem Check-out überprüfen (siehe Seite 99) und damit sicherstellen, dass alle mit dem ausgefüllten Change Canvas einverstanden sind.

TAGESORDNUNG WORKSHOP CHANGE CANVAS

1. HALBER TAG – VORMITTAG

09:00 Eintreffen der Teilnehmer und Kaffeetrinken
09:30 Begrüßung, Check-in und Erläuterung des Programms
09:45 Erläuterung zum Change Canvas
10:00 1. SCHRITT Gemeinsame Verbesserung der Veränderungsidee
10:45 Kurze Pause
11:00 2. SCHRITT Gemeinsame Verbesserung des Kontexts

12:00 – 13:00 Mittagspause (und Zeit für einen kurzen Spaziergang oder zum Abrufen von E-Mails)

2. HALBER TAG – NACHMITTAG

13:00 Erläuterung zur Arbeitsform (World Café) und zum 3. SCHRITT, dem Stellen der Diagnose
13:15 3 Runden à 45 Minuten
15:30 Kurze Pause
15:45 Rückkopplung im Plenum und Erstellung eines Gesamtbilds der Diagnose
17:00 Abschluss des Tages

3. HALBER TAG – VORMITTAG

09:00 Eintreffen der Teilnehmer und Kaffeetrinken
09:30 Kurzer Rückblick auf den vorherigen Workshop-Tag und Erläuterung des letzten Elements, des 4. SCHRITTS „An die Arbeit!“
09:45 Aufteilung in Untergruppen zum Nachdenken über die ersten Folgeschritte
10:30 Kurze Pause
10:45 Gemeinsames Feedback und erster Ansatz zur Festlegung des Konzepts
11:30 Check-out
12:00 Das Change Canvas ist fertig

Anbringen von Haftnotizen im Veränderungskraft-Modell

Eine relativ einfache und wirkungsvolle Arbeitsmethode ist das Anbringen farbiger Haftnotizen auf einem Tuch, auf dem das Veränderungskraft-Modell abgebildet ist. Auf den Notizzetteln werden anhand von Fragen Angaben zu den einzelnen Faktoren gemacht. Wenn beispielsweise grüne und orangefarbene Haftnotizen verwendet werden, lässt sich die Diagnose gut visualisieren. Auf grünen Haftnotizen werden diejenigen Antworten notiert, die Sie als positiv beurteilen, auf den orangefarbenen Haftnotizen die zu beachtenden Aspekte. Die angebrachten Notizen zeigen für die einzelnen Faktoren (Begründung, Effekt, Fokus, Energie und Verbindung) auf, inwieweit die Organisation in der Lage ist, die Veränderung umzusetzen, und wo die Stärken und Schwächen in Bezug auf die Veränderung liegen. Auf den Stärken – in Grün – können Sie aufbauen und die Schwächen – in Orange – geben bei der Festlegung der Vorgehensweise die Richtung vor. Bei der Vorgehensweise (4. Schritt) kann wiederum mit Haftnotizen gearbeitet werden, zum Beispiel indem jedem orangefarbenen Notizzettel ein Vorschlag für eine Intervention hinzugefügt wird. Führen Sie anschließend wieder alle Beiträge zusammen und besprechen Sie, welche Vorgehensweise die richtige ist.

Manchmal lassen sich beim 3. Schritt, der Diagnose, schon allein anhand der Farbverteilung über die Faktoren die ersten Muster erkennen. Abbildung 3.5 zeigt ein Beispiel für eine Organisation, bei der sich die Faktoren Energie und Effekt grün färbten und die Faktoren Begründung und Fokus orangefarben.

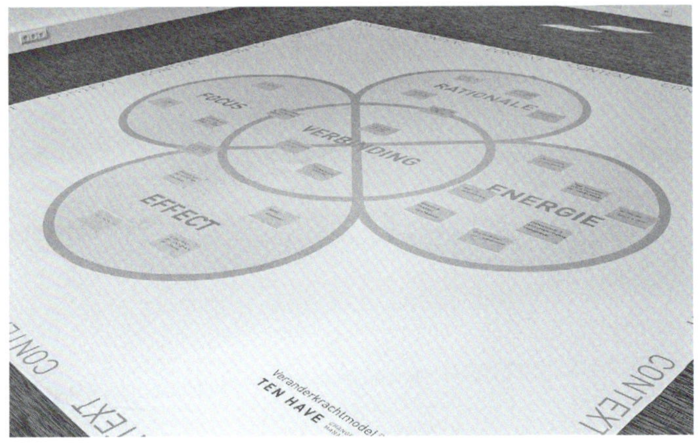

Abbildung 3.5
Die Teilnehmer dieses Workshops zogen anhand dieses Bilds das folgende (vorläufige) Fazit:

„Unsere Planungen beinhalten eine klare Vision, wohin es gehen soll, aber sind qualitativ unzureichend (Begründung), die Rahmen, in denen wir arbeiten, sind unklar (Fokus), aber dank unserer starken Motivation und unseres großen Engagements (Energie) werden dennoch gute Ergebnisse erzielt (Effekt)."

Es ist immer ratsam, zunächst die Teilnehmer einzeln Notizzettel ausfüllen zu lassen, damit sie sich ihre eigenen Gedanken machen, ohne von anderen beeinflusst zu werden. Erst wenn alle ihre Zettel ausgefüllt haben, werden diese angebracht. Anschließend können Sie die Ergebnisse gemeinsam interpretieren.
Obwohl ein erster Eindruck anhand von Farbmustern wertvoll und stark sein kann, ist es wichtig, die Ergebnisse dieser Übung eingehender zu betrachten. Das gemeinsame Besprechen der Notizen ermöglicht eine gemeinsame Bedeutungsverleihung. Darin liegt der Mehrwert dieser Arbeitsform. In der Praxis kommt es regelmäßig vor, dass der nach dem Anbringen der Haftnotizen stattfindende Dialog zu einer Anpassung der anfänglichen individuellen Beiträge führt und bewirkt, dass ein gemeinsames Bild entsteht. Dieses gemeinsame Bild können Sie dann in das Change Canvas aufnehmen.

Figuur 3.6 Buchstäblich im Veränderungskraft-Modell Position beziehen

Im Veränderungskraft-Modell Position beziehen

Eine weitere dynamische und interaktive Form der Arbeit mit dem begehbaren Tuch beinhaltet, die Teilnehmer buchstäblich auf dem Tuch Position beziehen zu lassen.

Zum Beispiel für den 3. Schritt, die Diagnose, lassen sich ähnliche Fragen wie bei der Arbeitsform mit Haftnotizen verwenden, das heißt Fragen zu den einzelnen Faktoren, aber auch grundsätzlichere Fragen wie: Bei welchen Faktoren liegen in Bezug auf die Veränderung unsere Stärken? Woran müssen wir gezielt arbeiten? Ein Hauptunterschied zur vorherigen Arbeitsform besteht darin, dass die Beantwortung nun nicht schriftlich erfolgt, sondern über eine Körperbewegung. Eine schöne Metapher für Veränderung in Organisationen: *Menschen müssen sich buchstäblich bewegen.*

Mount Everest

Der Vorstand eines Versicherungsunternehmens hatte im Vorjahr eine strategische Mehrjahresplanung mit dem Namen Mount Everest entwickelt. Die Umsetzung dieser strategischen Ausrichtung ist für die Organisation eine wichtige Veränderung, die in vielen Bereichen eine andere Art des Arbeitens erforderlich macht. Für die einzelnen Abteilungen wurden Teilpläne mit Angaben zu den wichtigsten Aktivitäten und den zu erzielenden Ergebnissen für das kommende Jahr erstellt. All diese Teilpläne sollen einen Beitrag zur strategischen Mehrjahresplanung Mount Everest leisten. Nach sechs Monaten stellt der Vorstand jedoch fest, dass bisher nur wenige Etappenziele aus dem Mehrjahresplan Mount Everest erreicht wurden.

Der Vorstand lädt die Manager aller Abteilungen zu einer Sitzung ein, in der die Fortschritte bei der Umsetzung der strategischen Mehrjahresplanung evaluiert werden sollen. Zentraler Tagesordnungspunkt der Sitzung ist das Stellen einer Diagnose unter Einsatz des Veränderungskraft-Tuches. Anhand dieser Diagnose soll untersucht werden, inwieweit die derzeitige Vorgehensweise angepasst werden muss. Bei der Frage „Was funktioniert bei dieser Veränderung gut?" stellen sich die meisten Teilnehmer auf den Faktor Begründung. Es herrscht breite Übereinstimmung über die Zielvorstellungen und die Art und Weise, wie sie in Pläne eingeflossen sind. Alle Ziele in der strategischen Mehrjahresplanung sind mit schlüssigen Argumenten untermauert, sorgfältig durchkalkuliert und sprechen alle Anwesenden an.

Als gefragt wird, was bei dieser Veränderung weniger gut funktioniert, stellen sich viele Teilnehmer auf den Faktor Verbindung. Im Gespräch kommt man zu der Schlussfolgerung, dass in den vergangenen vier Monaten im Grunde nicht auf die Umsetzung der Mehrjahresplanung hingesteuert wurde. Als der Begleiter weiter nachhakt, stellt sich heraus, dass zwischen den Aktivitäten der verschiedenen Abteilungen wenig Zusammenhang besteht, manche sogar widersprüchlich sind und Abteilungen selten oder nie ihre Aktivitäten aufeinander abstimmen. Es wird konstatiert, dass eine andere Vorgehensweise notwendig ist (4. Schritt des Change Canvas), um den nächsten Schritt dieser Veränderung einleiten zu können. Man bildet ein Kernteam, bestehend aus Managern und Mitarbeitern der unterschiedlichen Abteilungen, das die Abteilungspläne analysiert und – wo nötig – anpassen lässt, damit sie gut aufeinander abgestimmt sind. Das Kernteam wird das restliche Jahr über alle drei Wochen zur gemeinsamen Steuerung der Veränderung zusammenkommen und regelmäßig dem Vorstand über die Fortschritte bei der Umsetzung der strategischen Mehrjahresplanung Mount Everest Bericht erstatten.
Die Sitzung mit dem Veränderungskraft-Tuch hat bewirkt, dass Übereinstimmung über das für das Gelingen dieser wichtigen Veränderung Notwendige besteht und die Veränderung nicht mehr Sache der einzelnen Abteilungen ist, sondern Sache der gesamten Organisation.

Die Arbeitsform, bei der die Teilnehmer auf dem begehbaren Veränderungskraft-Tuch Position beziehen, bietet auf einzigartige Weise die Möglichkeit, gemeinsam einen Dialog über die Veränderung zu führen. Außerdem kann man in relativ kurzer Zeit mit einer sehr großen Gruppe eine Diagnose stellen. Die Teilnehmerzahl kann von drei bis über hundert reichen (was natürlich eine andere Tuchgröße erforderlich macht). Auf der niederländischen Original-Website www.veranderkracht.com finden Sie weitere Informationen über die Arbeit mit dem Veränderungskraft-Tuch.

Abbildung 3.7 Große Gruppe, großes Veränderungskraft-Tuch

Die Veränderungskraft-Messung

Eine Diagnose lässt sich auf strukturierte, detaillierte und dennoch praktische Weise erzielen, indem man online einen Fragebogen ausfüllt; dies wird auch als Veränderungskraft-Messung bezeichnet. Anhand von fünfzig Fragen entsteht ein detailliertes Bild, inwieweit die Organisation zu einer erfolgreichen Umsetzung der gewünschten Veränderung in der Lage ist und welche Aspekte dabei zu beachten sind. Damit sich dieses detaillierte Bild ergibt, orientieren sich die Fragen an 22 Elementen, die den Faktoren Begründung, Effekt, Fokus, Energie und Verbindung zugrunde liegen. Beim Stellen der Diagnose kann der Online-Fragebogen ein wertvolles Instrument sein. Mit ihm lässt sich die Veränderungskraft der Organisation in Bezug auf die gewünschte Veränderung zuverlässig messen. Da der Interaktionsgrad sehr begrenzt ist, sind ein guter Text und eine gute Erläuterung gegenüber den Befragten erforderlich.

Die Messung der Veränderungskraft anhand des erweiterten Online-Fragebogens sollte selbstverständlich sorgfältig erfolgen. Zuallererst sollten Sie abwägen, wen Sie bitten, den Fragebogen auszufüllen: alle Mitarbeiter oder nur eine Auswahl. Falls Sie sich für eine Auswahl entscheiden, ist es ratsam, klare Auswahlkriterien zu definieren, sodass Sie eventuelle Fragen dazu im Veränderungsprozess beantworten können. Ein naheliegendes Kriterium ist der Wissensstand zur betreffenden Organisationsveränderung. Es ist von wesentlicher Bedeutung, dass die Befragten eine sorgfältige Erläuterung zur (bevorstehenden) Organisationsveränderung und zum Zweck des Fragebogens erhalten. Außerdem ist es bei dieser Anwendung wichtig, dass Sie eine anonyme und verlässliche Bearbeitung der Antworten gewährleisten können.

Auf der niederländischen Original-Website www.veranderkracht.com finden Sie weitere Informationen über die Veränderungskraft-Messung.

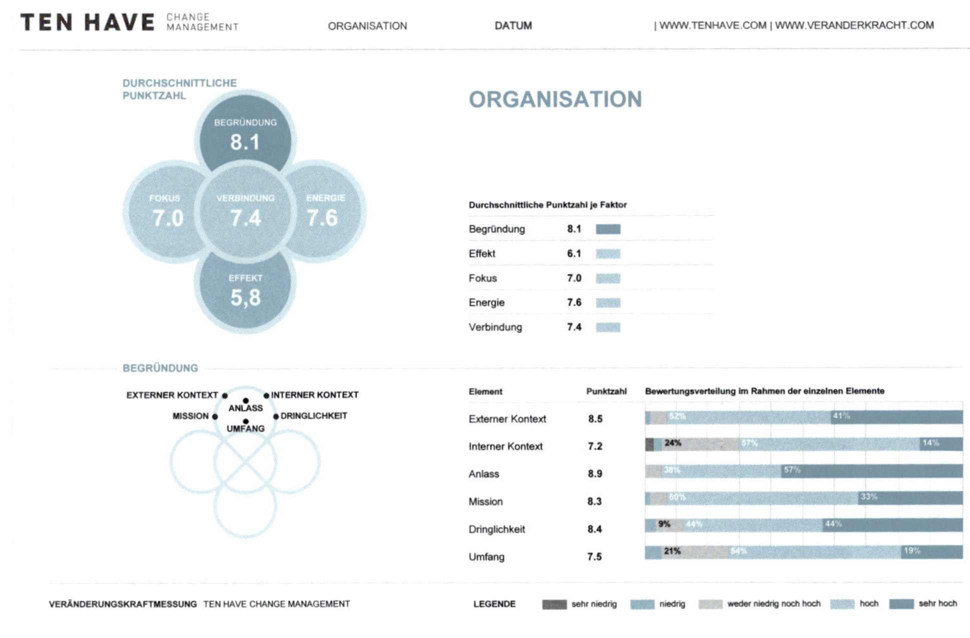

Abbildung 3.8 Ergebnis einer Veränderungskraft-Messung

4 Praxisbeispiele für das Change Canvas

In diesem Kapitel haben wir drei auf Kasuistik aus der Praxis basierende Beispiele für das Change Canvas ausgearbeitet. Dies soll der Inspiration dienen und nicht als Leitlinie, denn anhand der Erläuterungen in diesem Buch lässt sich das Canvas nach eigenen Vorstellungen gestalten. Das Wichtigste ist, dass Sie eine Methode für das Ausfüllen finden, die in Ihrer Organisation, Ihrer Abteilung oder Ihrem Team funktioniert.

Fusion der beiden Forschungsabteilungen zweier Krankenhäuser

Warum

Notwendigkeit

- Fusion zweier Krankenhäuser
- Effizientere Organisation der medizinischen Versorgung

Wunsch

- Spitzenposition in Forschung, Gesundheitsdienstleistungen und Lehre
- Mehr Forschungsgelder akquirieren
- Auf nationaler Ebene im eigenen Fachgebiet als führend anerkannt werden

Was

Im Rahmen einer breiter angelegten Fusion zweier Krankenhäuser sind unsere Forschungsabteilungen unter den ersten Abteilungen, die fusionieren sollen.

AN DIE ARBEIT!

1. Mitarbeitern für die Beteiligung am Veränderungsprozess Zeit einräumen und Ressourcen bereitstellen (z. B. befristete Erhöhung der vertraglich vereinbarten Arbeitszeit)
2. Organisation von Arbeitssitzungen mit Führungskräften und Mitarbeitern zur weiteren Erarbeitung der erforderlichen Ergebnisse der Zusammenlegung
3. Bildung von Arbeitsgruppen, die spezielle Aufgaben ausführen, z. B. in den Bereichen Arbeitsprozesse, einzusetzende IT, Methode der Dienstplanerstellung und Festlegung von Aufgabenbereichen
4. Organisation von Kernteamtreffen zur Anpassung des Aktionsplans anhand der Diagnose, Einleitung von Folgemaßnahmen und regelmäßigen Evaluation

DIAGNOSE

Undurchdacht und unzulänglich:

Die Veränderung wird verstanden (Begründung), aber ist für die Abteilung noch unzureichend durchdacht (Effekt). Die Mitarbeiter konnten sich die Veränderung noch nicht zu eigen machen, wodurch eine Kluft zwischen Führungskräften und Mitarbeitern entstanden ist (Elfenbeinturm).

KONTEXT

Externe Entwicklungen
- Strengere Mindestmengenregelung und Behandlungsstandards im Gesundheitswesen
- Krankenhäuser in der Umgebung bündeln ihre Kräfte
- Engpässe auf dem Arbeitsmarkt

Interne Entwicklungen
- Weggang eines der Abteilungsleiter
- Zwei unterschiedliche IT-Systeme
- „Fusion der Abteilungen" ist vom Fortschritt der „Krankenhausfusion" und Beschlüssen innerhalb dieses Prozesses abhängig
- Hohe Arbeitsbelastung unter den Mitarbeitern

Stakeholder
- Leiter, leitende Angestellte und Laboranten, Programmteam „Krankenhausfusion"

BEGRÜNDUNG + –

+ Die Fusion zweier Krankenhäuser ist eine passende Antwort auf externe Entwicklungen
+ Das Ziel für unsere Abteilung ist klar (mehr Effizienz und Bündelung von Expertise) und hat eine verbindende Wirkung.
– Es gibt unterschiedliche Auffassungen über das Fach und die beste Arbeitsweise.

Insgesamt: ausreichend

FOKUS + –

+ Die Zusammenlegung passt zu den zuvor in beiden Abteilungen getroffenen Entscheidungen
+ Die Führungskräfte teilen gemeinsame Vorstellungen, wie in der zukünftigen Abteilung als Team zusammengearbeitet werden sollte.
– Prozesse und Systeme müssen harmonisiert werden.

Insgesamt: ausreichend

VERBINDUNG + –

+ Es finden gemeinsame Besprechungen des leitenden Personals statt.
+ Es liegt ein Aktionsplan vor.
+ Es gibt ein Kern- und Koordinationsteam, das die Regie übernimmt.
– Kommunikation findet nicht zum gleichen Zeitpunkt und allen Mitarbeitern gegenüber auf gleiche Weise statt.

Insgesamt: ausreichend

ENERGIE + –

– Führungskräfte stürmen bei der Veränderung zu schnell voran.
– Mitarbeiter möchten mitdenken, aber die „Veränderungsarbeit" kommt zu ihren regulären Tätigkeiten hinzu.
– Vorurteile über die „andere" Abteilung sind für die Veränderungsbereitschaft hinderlich.
– Die Unterstützung seitens des Krankenhauses für die Fusion ist in dieser Phase noch unzureichend geregelt.

Insgesamt: unzureichend

EFFEKT + –

– Es ist noch nicht klar, was die zusammengelegte Abteilung im Hinblick auf Forschungsgelder, Produktion und Qualitätsniveau liefern soll und wie unser Monitoring in diesen Bereichen aussehen wird.
– Vielen Kollegen sind die Konsequenzen nicht klar: Werde ich meinen Arbeitsplatz behalten? Wird sich bald mein Anfahrtsweg zur Arbeit verlängern? Hat die Fusion Folgen für die Dienstplanerstellung und die Arbeitszeiten?

Insgesamt: unzureichend

Behörde im Infrastrukturbereich

Warum

Damit wir als Organisation überleben können, müssen wir uns proaktiv, flexibel und schnell auf das sich verändernde Umfeld einstellen. Aus dieser Notwendigkeit heraus haben wir unsere neue Strategie entwickelt. Die Neuausrichtung basiert auf einer anderen Organisationsmethode, die es uns erleichtert, neue Produkte und Dienstleistungen anzubieten.

Was

Die Neuausrichtung erfordert eine wendige und flexible Organisation. Derzeit sind wir zu stark auf das Bestandsgeschäft ausgerichtet, um uns mit dem Umfeld bewegen zu können.

AN DIE ARBEIT!

1. *Unseren Kurs verkünden*
   Über eine Animation wird das „Warum" und „Was" der strategischen Ausrichtung extern kommuniziert.

2. *Entwicklungsprogramm für Führungskräfte und Mitarbeiter*
   Allen Führungskräften und einigen Mitarbeitern wird eine Agile-Schulung angeboten. Die Personalabteilung kümmert sich um die Sicherung der Ideen nach Absolvierung der Schulung. Außerdem werden für die Mitarbeiterentwicklung Beispiele für technologische Innovationen innerhalb und außerhalb der Organisation genutzt.

3. *IT*
   Der Verbesserung der gesamten IT-Landschaft wird Priorität eingeräumt und sie wird in Kürze einem externen Anbieter übertragen.

4. *Prioritäten setzen*
   Das Management ordnet seine Prioritäten neu, sodass sie der neuen strategischen Ausrichtung nicht mehr im Wege stehen.

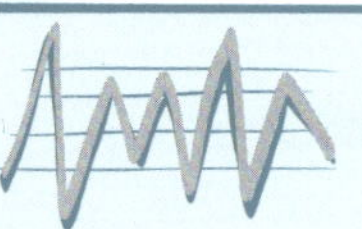

DIAGNOSE

Ungezielt und undurchführbar:

Die Veränderungsvision ist verständlich und es besteht darüber Klarheit bei den Mitarbeitern. Die Veränderungsfähigkeit reicht momentan nicht aus. Das Augenmerk muss auf die Bereiche Energie und Fokus gerichtet werden.

Insbesondere im Hinblick auf die IT-Problematik sehen wir eine Herausforderung, die für die Organisation schon seit Längerem ein Problem darstellt. Bisher ist es nicht gelungen, in diesem Bereich strukturelle Verbesserungen zu erzielen.

KONTEXT

Externe Entwicklungen

- Die Betrachtungsweise von Infrastruktur und Umwelt entwickelt sich schnell weiter; dies gilt auch für die Bedürfnisse von Kunden.
- Es gibt neue technische Möglichkeiten, mit denen sich unsere Aufgaben effektiver erledigen lassen.

Interne Entwicklung

In einer unserer Abteilungen findet momentan eine Reorganisation statt; dies müssen wir berücksichtigen.

Stakeholder

Ein wichtiger Stakeholder ist das niederländische Ministerium für Infrastruktur und Wasserwirtschaft.

BEGRÜNDUNG + –

\+ Die strategische Ausrichtung ist schlüssig und passt zu den gegenwärtigen Entwicklungen.
\+ Mitarbeiter kennen und verstehen das „Warum" und „Was" der Veränderung; die Ziele sind klar.
– Es muss aber ansprechend nach außen kommuniziert werden, was unsere neue Ausrichtung beinhaltet.

Insgesamt: ausreichend

FOKUS + –

– Manchmal werden andere Prioritäten gesetzt, was die Arbeit an den Zielen erschwert.
– Die Art der Zusammenarbeit ist noch wenig flexibel: Der Fokus wird nur auf bestehende Produkte und Dienstleistungen gerichtet.
– Die derzeitige IT-Landschaft ist veraltet und hinderlich.

Insgesamt: unzureichend

ENERGIE + –

\+ Führungskräfte und Mitarbeiter möchten einen Beitrag leisten, aber sind dazu noch nicht (immer) imstande.
– Es mangelt an Kenntnissen und Erfahrung in den Bereichen Technologie und Innovation.

Insgesamt: unzureichend

VERBINDUNG + –

\+ Zu Beginn des Prozesses haben wir einen Veränderungsplan erstellt: Er bietet Halt und gibt die Richtung vor.
\+ Der Veränderungsplan berücksichtigt die laufenden Initiativen in der Organisation und ist auf sie abgestimmt.
\+ Die interne Kommunikation verläuft gut; nur die Kommunikation nach außen könnte verbessert werden.

Insgesamt: ausreichend

EFFEKT + –

\+ Auf Grundlage der strategischen Ausrichtung wurden konkrete Ergebnisse formuliert und für die jeweiligen Abteilungen in einem Jahresplan ausgearbeitet.
\+ Das Führungsteam übernimmt das Monitoring der (Zwischen-)Ergebnisse der Abteilungen, tauscht sich darüber aus und nimmt wenn nötig Korrekturen vor.
– Wir achten bei dieser Veränderung nicht immer auf die Bedürfnisse der Mitarbeiter; für manche Mitarbeiter ist diese neue Art zu Arbeiten tatsächlich neu.

Insgesamt: ausreichend

Selbstorganisierende Teams in einer Hochschule

Warum

Es ist wichtig, dass Bildungseinrichtungen zur Abstimmung auf den Bedarf in der Berufspraxis einen guten Kontakt zu ihrem Umfeld aufrechterhalten. Um dies zu erreichen, wurde im Führungsteam beschlossen, mit selbstorganisierenden Teams zu arbeiten.

Was

Einführung von Selbstorganisation beim Dozententeam des Studiengangs Gesundheits- und Sozialwesen

Ungezielt und ungesteuert:

Die Veränderungsvision ist verständlich und es besteht darüber Klarheit bei Führungskräften und Mitarbeitern. Das Veränderungsvermögen (Energie) scheint momentan auszureichen; langfristig muss sich zeigen, ob Dozenten auch die Fähigkeit haben, so zu arbeiten. Augenmerk auf die Bereiche Fokus und Verbindung ist unbedingt notwendig.

Die Durchführung von Organisationsveränderungen dauert in dieser Organisation relativ lang; dieser Aspekt ist bei der Festlegung der Teamanzahl zu beachten.

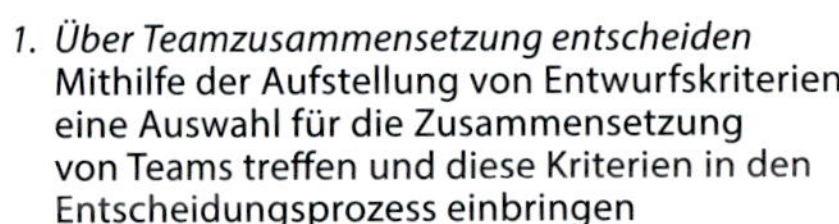

1. *Über Teamzusammensetzung entscheiden*
   Mithilfe der Aufstellung von Entwurfskriterien eine Auswahl für die Zusammensetzung von Teams treffen und diese Kriterien in den Entscheidungsprozess einbringen
2. *Erstellung eines Veränderungsplans*
   Aktivitäten für den Aufbau selbstorganisierender Teams beschreiben und Angaben zu Durchlaufzeiten machen; es gilt der Grundsatz, dass ein Team erst die Arbeit aufnehmen kann, wenn seine Zusammensetzung endgültig festgelegt ist
3. *Kommunikation*
   Auf Basis der Vision zur Selbstorganisation und des Veränderungsplans wird ein Kommunikationsplan erstellt (einschl. Kommunikationsmatrix), anhand dessen spezifisch für die einzelnen Zielgruppen über die Implementierung der Veränderung kommuniziert wird.
4. *Start Kernteam*
   Das Kernteam übernimmt nach Kommunikation die Regie, um die Umsetzung des Plans zu gewährleisten.

KONTEXT

Extern
- Da im Sektor großer Fachkräftemangel herrscht, ist es für die Bildungseinrichtung wichtig, die Zahl der Studienabbrecher zu begrenzen und neue Studierende anzuziehen.
- Andere Bildungseinrichtungen führen auch immer mehr Selbstorganisation ein; die Berichte darüber fallen jedoch unterschiedlich aus.

Intern
- Das Institut hat drei Managementebenen: Institutsleiter, Manager und Teamleiter.
- Die Arbeitsbelastung wird von den Dozenten als hoch wahrgenommen.

Stakeholder
- Für Praktikumsunternehmen in der Umgebung ist es wichtig, einen festen Ansprechpartner zu haben.
- Das Mitbestimmungsorgan ist gegenüber den von der Leitung geplanten Durchlaufzeiten skeptisch.

BEGRÜNDUNG + –

+ Leitung und Dozenten begrüßen die Einführung der Selbstorganisation und sind der Meinung, sie sei eine gute Lösung zur Ermöglichung einer besseren Kontaktaufnahme mit dem Umfeld

Insgesamt: ausreichend

FOKUS + –

+ Die Kernwerte der Organisation passen zur Selbstorganisation.
– Rollen der Teams sind geklärt, aber die Aufgabenbereiche noch nicht.
– Über Zahl und Mindestgröße der Teams muss noch nachgedacht werden.
– Teams können noch nicht auf existierende Systeme zugreifen.

Insgesamt: unzureichend

VERBINDUNG + –

+ Es wurde die Einrichtung eines aus Führungskräften und Dozenten bestehenden Kernteams beschlossen, das die Steuerung der Veränderung übernehmen soll
– Es liegt noch kein Plan vor, wie und wann die Einführung der Selbstorganisation bei allen Teams realisiert werden soll
– Die Kommunikation über die Vision verläuft gut, aber Kommunikation über die weiteren Schritte bleibt aus

Insgesamt: unzureichend

ENERGIE + –

+ Die Leitung steht hinter der Entscheidung für Selbstorganisation.
+ Dozenten sind veränderungsbereit.
+ Es werden Coaches zur Begleitung der Teams eingestellt.
– Bei den Teams besteht noch viel Unsicherheit über die Kapazitäten (verfügbares Personal), die ihnen zur Übernahme ihrer Rollen zur Verfügung stehen.

Insgesamt: ausreichend

EFFEKT + –

+ Die Auswirkungen der Selbstorganisation auf die Teams sind in Grundzügen bekannt.
+ Es wurde ein Teamkompass entwickelt, um ein Monitoring der Fortschritte der Teams zu ermöglichen (KPIs).
+ Es wird Augenmerk auf die unsichere Position von Teamleitern nach Einführung der Selbstorganisation gelegt.

Insgesamt: ausreichend

5 Fundiert verändern

Fundierte Entscheidungen treffen

Praktische Ansatzpunkte zur Untermauerung von Entscheidungen

Verändern ist *angesagt*. Organisationen sind ständig auf der Suche nach erfolgreichen Methoden für die Umsetzung von Veränderungen. Doch Veränderungen sind *vielfältig*. Sie können groß oder klein sein: Die Bandbreite reicht von der Entwicklung und Implementierung einer neuen Organisationsstruktur bis hin zur Erweiterung des Fachwissens von Mitarbeitern. Sie sind auf Managementtrends wie *„Das neue Arbeiten"*, *Selbststeuerung* oder *Kulturveränderung* zurückzuführen. Bestimmte Veränderungen entstehen durch gesellschaftliche Bewegungen: So hat die Partizipationsgesellschaft dazu geführt, dass in Organisationen nahezu keine Beschlüsse mehr ohne Einbeziehung der Mitarbeiter getroffen werden. Leider haben viele Bemühungen nicht immer den gewünschten Effekt, stellen aber hohe Anforderungen an Organisationen und ihre Mitarbeiter.

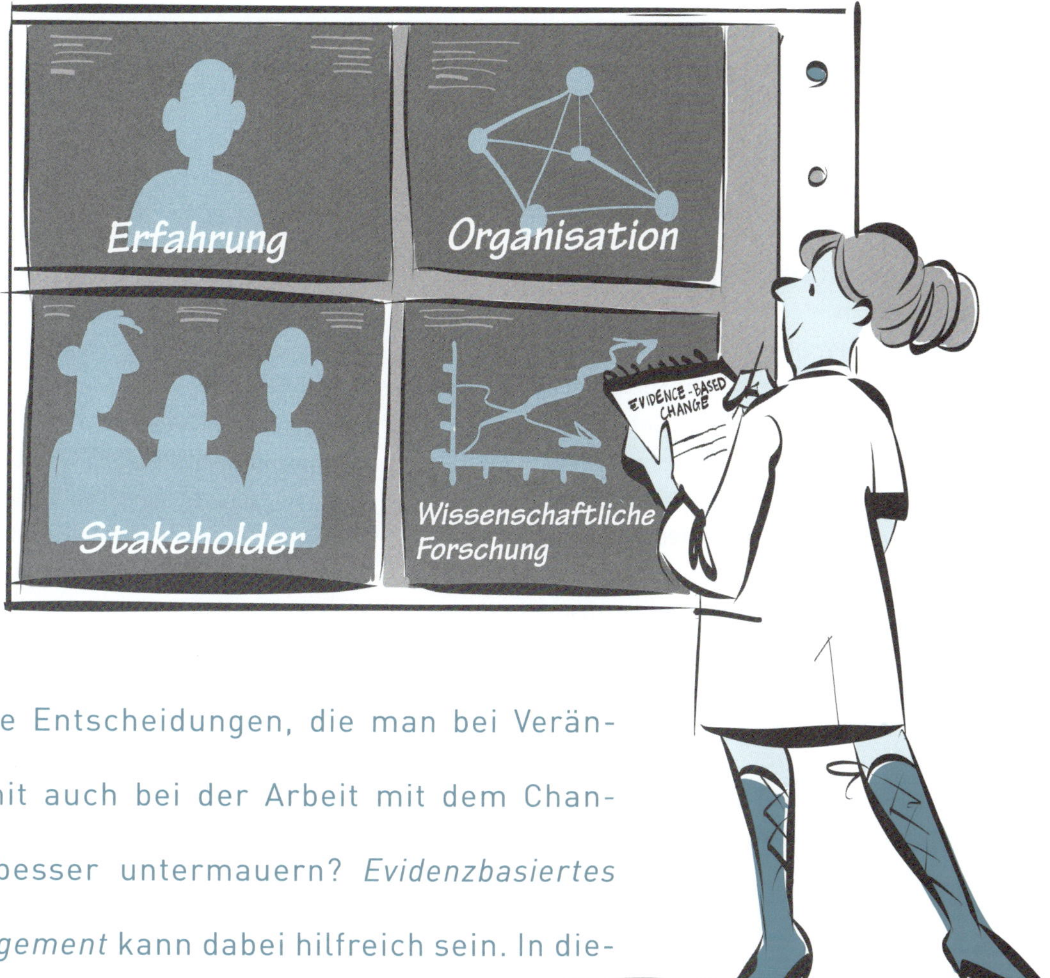

Abbildung 5.1

Wie lassen sich die Entscheidungen, die man bei Veränderungen und somit auch bei der Arbeit mit dem Change Canvas trifft, besser untermauern? *Evidenzbasiertes Veränderungsmanagement* kann dabei hilfreich sein. In diesem Kapitel vermitteln wir Ihnen die entsprechenden Erkenntnisse und bieten Ihnen praktische Ansatzpunkte für eine bessere Untermauerung Ihrer Entscheidungen.

Evidenzbasiertes Veränderungsmanagement

Bessere Entscheidungsfindung dank Erkenntnissen aus vier Quellen

Populäre Ideen und Überzeugungen im Management

Organisationen, die Probleme wahrnehmen oder bestimmte Ambitionen haben, steht ein breites Spektrum an Methoden zur Verfügung, die Lösungen bieten. Entscheidungsträger, Manager, Berater und Veränderer geben Millionenbeträge für die Implementierung dieser Methoden aus, in der Erwartung, sie könnten damit die gesetzten Ziele erreichen. Der Schlüssel zum Erfolg scheint in Führungstrainings, Modellen für Strategieplanungen und Begriffen wie „disruptive Innovationen", „agil" und „lean" zu liegen. Solche Arbeitsweisen werden in der Annahme eingeführt, es handele sich um erfolgreiche und bewährte Managementkonzepte. Wichtige Entscheidungen, die oft große Auswirkungen auf Mitarbeiter und Organisationen haben, werden getroffen ohne sich dabei die Frage zu stellen, ob sie zum spezifischen Kontext der betreffenden Organisation passen. Auch verfügbare wissenschaftliche Erkenntnisse werden nicht berücksichtigt.

In der Praxis erweist sich dann, dass viele populäre Konzepte oft nicht die Effekte haben, die in zahlreichen Managementbüchern, von Managementgurus, in Präsentationen auf Kongressen usw. versprochen werden. Ein Großteil der Ideen scheint auf Annahmen zu basieren, die nicht oder unzureichend geprüft und/oder untermauert sind, denn Menschen greifen gern auf ihre eigenen Erfahrungen zurück und lassen sich leicht von Erfolgsgeschichten und intuitiv als attraktiv empfundenen Lösungen beeinflussen. Das ist wertvoll, aber auch gefährlich – insbesondere, wenn Konzepte und Lösungen vom einen Sektor auf den anderen oder von einer Kultur auf die andere übertragen werden. Aufgrund des spezifischen Kontextes einer Organisation ist es nicht möglich, sich blind auf die eigene Ideologie oder die anderer zu verlassen: Einheitslösungen funktionieren bei Organisationen nicht.

Vier Blickwinkel

Als Veränderer tun Sie gut daran, Ihre Entscheidungen nicht nur auf eigene Erfahrungen und Überzeugungen oder die anderer zu gründen (1), sondern auch den internen Kontext der Organisation (2), die Werte und Interessen der Stakeholder (3) und die wissenschaftliche Forschung (4) sorgfältig im Blick zu behalten. Die Kombination dieser vier Blickwinkel bildet die Grundlage des evidenzbasierten Veränderungsmanagements (Evidence-Based Change Management (EBCM)). Beim evidenzbasierten Veränderungsmanagement geht es darum, die Entscheidungsfindung im Rahmen der Veränderung um Erkenntnisse aus vier verschiedenen Quellen zu bereichern, auch wenn bestimmte Erkenntnisse im Widerspruch zu Ihrer eigenen Überzeugung oder der anderer stehen.

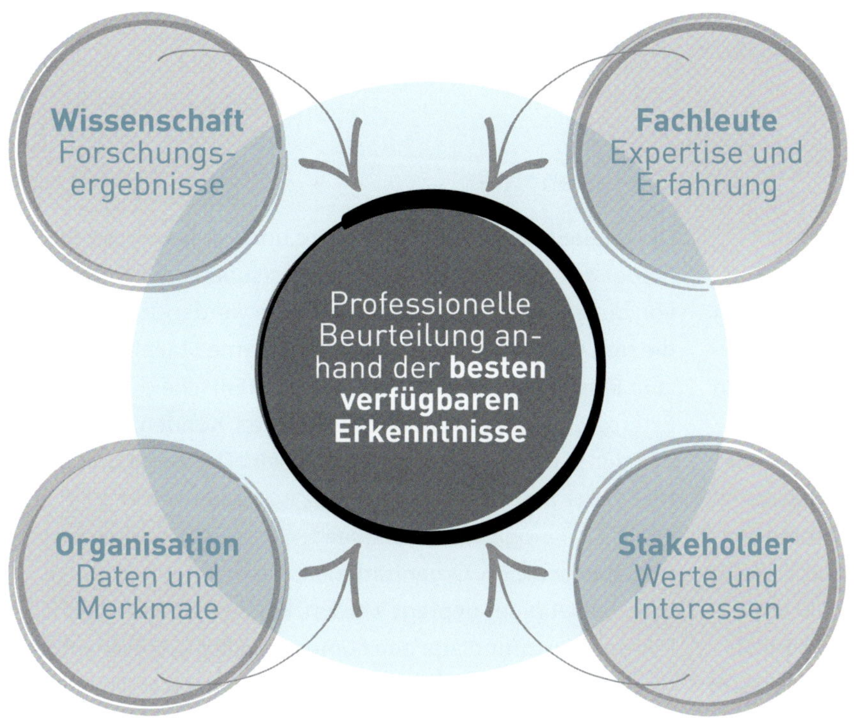

Abbildung 5.2 Das EBCM-Modell, basierend auf dem Modell des Centers for Evidence-Based Management

BEIM EVIDENZBASIERTEN VERÄNDERUNGSMANAGEMENT GEHT ES UM DIE BEREICHERUNG DER ENTSCHEIDUNGSFINDUNG UM ERKENNTNISSE AUS VIER QUELLEN.

Wenn Sie evidenzbasiert an einer Veränderung arbeiten wollen, wägen Sie die verfügbaren Informationen aus den verschiedenen Quellen gegeneinander ab und verschaffen sich dadurch ein Bild von der besten verfügbaren Evidenz. Der Begriff *„Evidenz"* steht dabei nicht für harte Beweise, sondern für die besten verfügbaren Erkenntnisse. Diese Erkenntnisse zusammen mit kritischem Denken ermöglichen es Ihnen, fundierte Entscheidungen zu treffen. Dazu ist kein langer Prozess notwendig, denn gerade in der Praxis muss auch schnell gehandelt werden können.

Erläuterung zu den vier Quellen

1. Organisation

Die erste Informationsquelle ist die Organisation selbst. Organisationsdaten gibt es in vielen Formen. Sie bieten wichtige Informationen über die Organisation, die Abteilung oder das Team und die Veränderungsaufgabe, vor der Sie stehen. Es kann sich um Finanzdaten wie Angaben zu Kosten oder Cashflows handeln, aber auch um Ergebnisse von Kunden- und Mitarbeiterumfragen. Weitere Beispiele sind krankheitsbedingte Fehlzeiten, die durchschnittliche Dauer von Arbeitsverträgen etc. Die Daten sind oft in Dokumenten wie Strategie- und Jahresplänen aufgezeichnet, aber das ist nicht immer der Fall. Informationen können auch im Gedächtnis von Mitarbeitern gespeichert sein, zum Beispiel Kenntnisse über spezielle Prozesse und Systeme. Die Organisationsdaten bieten Informationen über die Machbarkeit der Veränderung und die Rahmenbedingungen für ihre Implementierung.

Ein Arzt wendet eine gängige Methode bei einem 78-jährigen Patienten mit Diabetes anders an als bei einer 28-jährigen Sportlerin. Solche Differenzierungen müssen auch bei der Arbeit an Veränderungen in Organisationen vorgenommen werden.

2. Stakeholder

Die zweite Quelle stellen die Werte und Interessen der Stakeholder dar. Stakeholder sind Einzelpersonen oder Gruppen, von denen die Entscheidung getroffen werden soll oder auf die sich die Entscheidung auswirkt. Interne Stakeholder sind zum Beispiel Mitarbeiter, Manager und Entscheidungsträger. Externe Stakeholder können Lieferanten, Kunden, Anteilseigner, der Staat oder die Gesellschaft sein. Die Werte und Interessen der Stakeholder zeigen auf, was ihnen wichtig ist und wie sie auf mögliche Konsequenzen von Entscheidungen reagieren würden. Organisationen, die durch unterschiedliche Stakeholder geprägt werden, können auf der gleichen Informationsgrundlage ganz unterschiedliche Entscheidungen treffen. Beispiele sind Shell und Greenpeace, die mit den gleichen Informationen zu unterschiedlichen Entscheidungen über potenzielle Ölfelder gelangen, oder Gewerkschaften und Arbeitgeber, deren Perspektiven sich bei einer Reorganisation stark unterscheiden. Die Untersuchung von Werten und Interessen führt zu einem Bezugsrahmen für die Analyse von Erkenntnissen und Informationen aus anderen Quellen. Daraus ergeben sich wichtige Erkenntnisse, wie die Entscheidungen aufgenommen werden und die Wahrscheinlichkeit ist größer, dass ihre Ergebnisse zu einem Erfolg führen. Daher ist es wichtig, diese Informationen für die Beschreibung des Kontexts im Change Canvas einzuholen.

3. Fachleute

Eine dritte Informationsquelle ist die professionelle Expertise und Erfahrung von Managern, Beratern und anderen Kollegen sowie Ihre eigene als Veränderer. Expertise und Erfahrung wurden – anders als Meinung und Glaube – im Laufe der Jahre durch Reflexion über vergleichbare Handlungen in vergleichbaren Situationen aufgebaut. Anhand dieses Wissens und dieser Erfahrung können Fachleute einschätzen, welche Erfolgschancen eine zu treffende Entscheidung hat, ob die verfügbaren Informationen zuverlässig sind, Erkenntnisse aus der wissenschaftlichen Forschung in der spezifischen Situation angewandt werden können und eine mögliche Lösung auch in der betreffenden Situation funktionieren kann. Bei dieser Quelle wird deutlich, wie wichtig es ist, das Change Canvas gemeinsam mit anderen auszufüllen, damit Sie Ihre Erkenntnisse anhand der anderer Kollegen mit relevanten Erfahrungen überprüfen können.

4. Wissenschaft

Die letzte Quelle bezieht sich auf relevante Ergebnisse aus der (aktuellen) wissenschaftlichen Forschung. Im Fachgebiet (Change) Management in Organisationen werden in wissenschaftlichen Fachzeitschriften zahlreiche relevante Forschungsergebnisse veröffentlicht. Obwohl man im Rahmen einer Ausbildung natürlich viele Informationen aufnimmt, stellt sich die Frage, wie aktuell dieses Wissen noch ist, wenn die Ausbildung schon Jahre zurückliegt und man grundlegende Entscheidungen treffen soll. Genauso wie man von einem Chirurgen erwartet, dass er Patienten nicht nach einer veralteten Methode operiert, sollte man auch Organisationen nicht auf Grundlage veralteter Erkenntnisse verändern wollen. Es geht also darum, für die gerade anstehende Frage relevante, aktuelle wissenschaftliche Erkenntnisse zu suchen und zu bewerten. Dies lässt sich anhand eines sogenannten *Rapid Evidence Assessments (REA)* strukturiert durchführen:

> „In solchen Bewertungen wird eine bestimmte Fragestellung mithilfe einer Methode untersucht, mit der die relevantesten Untersuchungen identifiziert und ausschließlich Studien ausgewählt werden, die explizit den von verschiedenen Forschern aufgestellten Qualitäts- und Relevanzkriterien entsprechen.“
>
> (Shadish, Cook & Campbell, 2002. Aus: ten Have/ten Have/Huijsmans/Otto 2016)

Insbesondere die Erschließung exakter und relevanter wissenschaftlicher Erkenntnisse stellt für viele in der Managementpraxis eine große Herausforderung dar. Wir haben in der Vergangenheit Untersuchungen zu wissenschaftlichen Erkenntnissen über achtzehn häufig geäußerte Thesen zum Thema Veränderung durchgeführt. Die Ergebnisse dieser Studie geben Aufschluss über den Wahrheitsgehalt der betreffenden Thesen. Diese Studie will für alle, die mit Veränderungen zu tun haben, eine Hilfe sein und sollte mit Informationen aus anderen Quellen ergänzt werden, um letztlich zu einer eigenen Entscheidung, ob und wie eine selbst eingeleitete Veränderung fortzuführen ist, zu gelangen. Letzteres ist von entscheidender Bedeutung. Im auf *Reconsidering Change Management* basierenden Buch *Verandermanagement veranderd* (ten Have et al. 2018) zeigen wir auf, welche Überzeugungen Manager und Berater haben und ob sie durch wissenschaftliche Erkenntnisse gestützt oder entkräftet werden. Auf den nächsten Seiten sind die Ergebnisse zu sechs dieser Thesen kurz zusammengefasst. Wir weisen nochmals darauf hin, dass Sie diese Informationen in der täglichen Praxis nutzen können, indem Sie diese mit Informationen aus den anderen drei Quellen (Organisation, Stakeholder und Fachleute) zusammenführen. Es ist entscheidend, dass Sie aus allen vier Quellen schöpfen, denn nur dieses Zusammenspiel führt zur Definition der besten verfügbaren Erkenntnisse zur vorliegenden Fragestellung.

Sechs populäre Thesen und ihre wissenschaftliche Grundlage

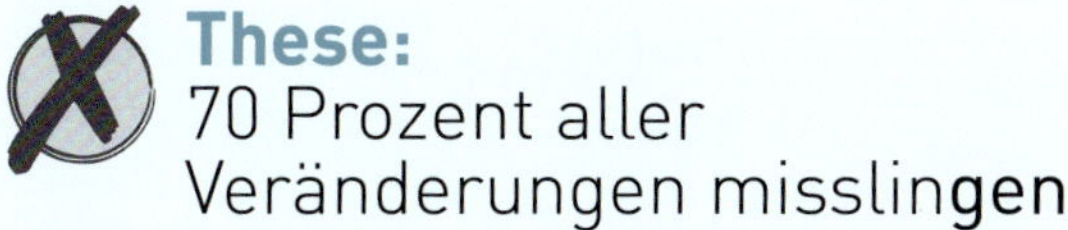

These:
70 Prozent aller Veränderungen misslingen

Dass 70 Prozent aller Organisationsveränderungen misslingen, ist in der Welt des Managements eine bekannte und weitverbreitete These. Veränderungsexperten, renommierte Beratungsunternehmen und hoch angesehene Akademiker übernehmen sie, ohne dass dafür jemals ein wissenschaftlicher Beweis vorgelegt wurde. Um den Ursprung dieses Mythos zu finden, müssen wir ins Jahr 1993 zum Buch *Reengineering the Corporation* zurückgehen: „Unsere nicht wissenschaftlich belegte Einschätzung ist, dass 50 bis 70 % der Organisationen bei einer Umgestaltung nicht die im Vorfeld angestrebten Ergebnisse erzielen." (Hammer/Champy 1993, S. 221). Wer die These anführt, scheint dies vor allem als Entschuldigung oder Absicherung gegen ein eventuelles Scheitern zu tun. Doch man sollte sich bewusst machen, dass gerade diese (unbegründete) Meinung bei Veränderungen (zusätzliche) Unsicherheit hervorrufen kann und Innovation und Lernen im Wege steht.

These:
Partizipation ist der Schlüssel zu einer erfolgreichen Veränderung

Partizipation heißt Mitdenken, Mitredendürfen und Mitentscheiden. So wird es zumindest von Mitarbeitern wahrgenommen. Versprechungen wie „auf einem weißen Blatt Papier gemeinsam ein Konzept entwickeln" oder „die Basis aktiv einbeziehen" schüren Erwartungen, die leider nur allzu oft nicht erfüllt werden. Was sagt die Organisationswissenschaft zum Einsatz von Partizipation als Veränderungsinstrument? Es wurden viele Untersuchungen zu dieser Frage durchgeführt und die Schlussfolgerungen weisen darauf hin, dass Partizipation nicht der Schlüssel ist. Partizipation fördert den Wissensaustausch, was dem Entscheidungsprozess zugutekommt, aber ihre Auswirkungen auf Produktivität und Arbeitszufriedenheit in Entscheidungsprozessen sind gering. Vielmehr neigt Partizipation, wenn sie zur Überwindung von Widerständen eingesetzt wird, mit möglicherweise negativen Folgen zur Scheinpartizipation zu werden.

These:
Beim Managen von Veränderungen ist ein transformationaler Führungsstil effektiver als ein transaktionaler

Sowohl in der populärwissenschaftlichen Literatur als auch in der wissenschaftlichen Fachliteratur werden die Auswirkungen von Führungsstilen auf Veränderungen oft thematisiert. Häufig tauchen im Zusammenhang mit Führungsstilen die Bezeichnungen „transaktional" und „transformational" auf – zwei schwierige Begriffe. Eine transaktionale Führungskraft wendet einen Stil an, der auf dem Prinzip „Quid pro Quo" basiert (eine Person, die etwas gibt, soll dafür eine angemessene Gegenleistung erhalten). Dabei angewandte Leitinstrumente sind Bestrafung und Belohnung. Eine transformationale Führungskraft ermittelt, was verändert werden soll, präsentiert eine inspirierende Vision und setzt darauf, die Mitarbeiter zu motivieren und in den Prozess einzubeziehen. Doch welcher der beiden Stile ist, wenn man eine Veränderung anstrebt, effektiver? Die Effektivität des Führungsstils hängt von den mit der Veränderung verbundenen Zielsetzungen ab. Wenn Teamleistungen oder Kreativität von Mitarbeitern für den Erfolg der Veränderung entscheidend sind, scheint ein transformationaler Führungsstil passender zu sein. Ist die individuelle Produktivität ein entscheidender Erfolgsfaktor, wäre jedoch die Förderung eines transaktionalen Stils ratsam. Daher ist es wichtig, ein Gleichgewicht zwischen beiden Stilen zu finden, um Veränderungen in Anbetracht ihrer Vielseitigkeit erfolgreich umzusetzen.

These:
Wirkungsvolle Instrumente für Führungskräfte bei Veränderungen sind das Setzen von Zielen und Feedback zu diesen Zielen während der Veränderung

Mehr Zeit mit der Familie und Freunden zu verbringen und sich mehr zu bewegen, sind populäre Neujahrsvorsätze. Doch wie sinnvoll ist es, für Veränderungen Ziele zu setzen und dazu Feedback zu geben? Zu dieser Frage gibt es seitens der Organisationswissenschaft recht klare Aussagen. Das Setzen von SMART-Zielen und Rückkopplungsschleifen sowie das Einführen von kurzen Interaktionsmomenten scheinen für die Leistungen der Mitarbeiter und der Organisation von wesentlicher Bedeutung zu sein. Insbesondere Ziele, die spezifisch, messbar, attraktiv, realistisch, terminiert (SMART) und herausfordernd sind, führen im Vergleich zu vagen oder nicht vorhandenen Zielen zu besseren Leistungen. Während „mehr bewegen" recht vage bleibt, ist „jeden Morgen drei Liegestütze" schon wesentlich konkreter.

These:
Eine klare Vision ist für eine erfolgreiche Veränderung von wesentlicher Bedeutung

Wie schafft man es, große Gruppen von Menschen in Bewegung zu versetzen? Indem man sie an die gleiche Geschichte glauben lässt. Ein wichtiger Schritt in jedem Veränderungsprozess ist die Formulierung und Verbreitung einer Vision. Dies ist eine allgemeine Annahme, die auch wissenschaftlich untermauert ist. Organisationen mit einer klaren Vision erbringen bessere Leistungen als Organisationen ohne. Gruppen mit klar definierten gemeinsamen Zielen erbringen bessere Leistungen als Gruppen ohne. Eine gute Vision inspiriert, motiviert und regt Mitarbeiter an. Sie verdeutlicht Ziele und weckt Vertrauen in deren Umsetzung. Eine klare Vision ist für die erfolgreiche Umsetzung einer Veränderung wichtig.

These:
Für eine erfolgreiche Veränderung ist Vertrauen in die Führungskraft erforderlich

„Vertrauen ist alles", ist ein weiter verbreiteter Spruch, der auf den Wert und die Bedeutung von Vertrauen verweist. Das Maß an Vertrauen, das Mitarbeiter in ihre Vorgesetzten haben, scheint jedenfalls einen großen Anteil am Führungserfolg zu haben. Vertrauen in den Vorgesetzten und Vertrauen in die Organisation haben positive Auswirkungen auf Arbeitszufriedenheit, Engagement, Fluktuation und Arbeitsleistung. Auch auf die Zusammenarbeit und Verhandlungen wirkt sich Vertrauen positiv aus. Eine Führungskraft, die authentisch, konsistent und integer handelt, in Bezug auf ihre Fertigkeiten und Fähigkeiten ehrlich ist und aufrichtiges Interesse zeigt, wirkt zuverlässig und erhöht die Chancen auf eine erfolgreiche Veränderung.

6 Nach dem Change Canvas

Nach dem Change Canvas beginnt die eigentliche Veränderung

Das Ausfüllen des Change Canvas ist der erste Schritt auf dem Weg der Veränderung.

Noch zu oft wird Veränderung schlichtweg als die Implementierung einer oder mehrerer Aktivitäten betrachtet. Bleibt das gewünschte Ergebnis aus oder hält es nicht lange an, ist die Enttäuschung groß. Das Change Canvas verdeutlicht, dass durchdachtes Verändern mehr umfasst als die Durchführung eines Projekts oder Programms und dass dabei die Diagnosephase entscheidend ist. Nach dem Stellen einer gründlichen Diagnose erfolgt im 4. Schritt der erste Schritt hin zu einem Veränderungskonzept. Doch was bedeutet dies für den weiteren Verlauf? Darauf gehen wir im letzten Kapitel ein.

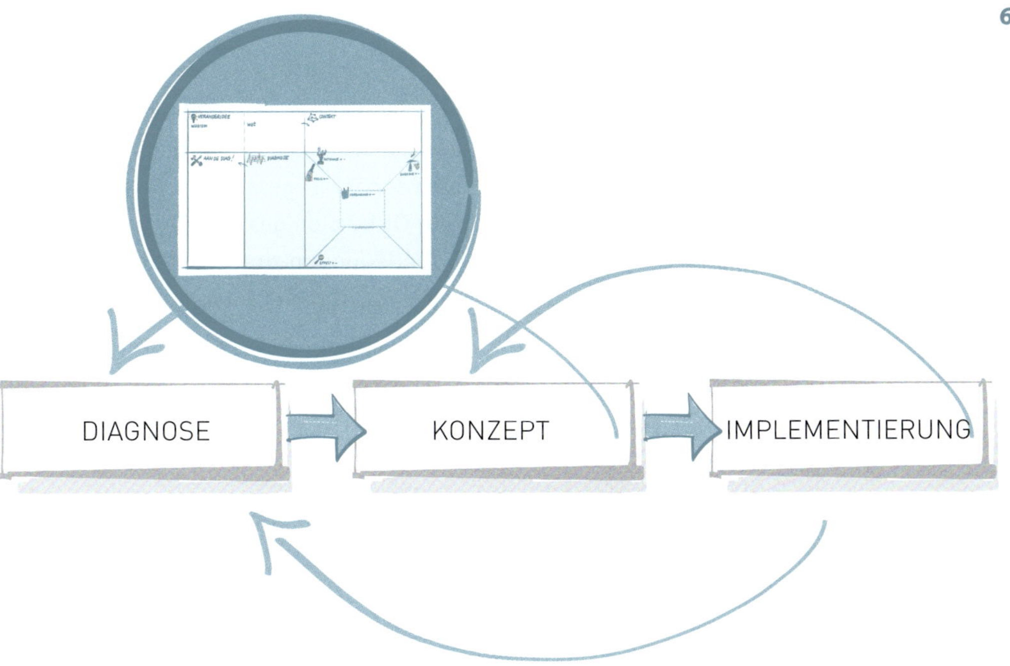

Abbildung 6.1 Mit dem Change Canvas als Ausgangsbasis entsteht eine Wechselwirkung zwischen Diagnostizieren und Konzipieren.

Mit dem Change Canvas von der Diagnose zum Konzept

Wie in Kapitel 1 erläutert, umfasst eine Veränderung drei Phasen: 1. Diagnose, 2. Konzept, 3. Implementierung. Um eine erfolgreiche Veränderung zu ermöglichen, werden kontinuierlich diese drei Phasen in unterschiedlichem Umfang und unterschiedlicher Reihenfolge durchlaufen. In der Praxis beobachten wir oft, dass die Diagnose übersprungen wird oder nicht sorgfältig erfolgt. Man bewegt sich häufig zwischen Konzept und Implementierung hin und her und dies führt oft zu kurzfristigen oder fragmentarischen und suboptimalen Ergebnissen. Es führt dazu, dass Organisationen nicht hinreichend in der Lage sind, sich dauerhaft auf das in der Welt von heute Nötige einzustellen, in der es scheint, als sei Veränderung eher eine Konstante als eine Ausnahme. Uns ist es wichtig, alle, die an Veränderungen arbeiten, dabei zu unterstützen, durchdacht vorzugehen und das richtige Veränderungskonzept mit den passenden Interventionen zu wählen. Daher liegt der Schwerpunkt beim Change Canvas auf der unserer Ansicht nach entscheidendsten Phase der Veränderung: der Diagnose. Im 3. Schritt, der Diagnose, kann die vorliegende Fragestellung oder die Veränderungsidee gründlich analysiert werden. Mit dem Veränderungskraft-Modell lassen sich anschließend alle Facetten der Veränderung systematisch betrachten, und es veranschaulicht, auf welche Elemente bei der Entwicklung der Vorgehensweise, 4. Schritt des Change Canvas, besonderes Augenmerk gerichtet werden sollte. In diesem letzten Schritt werden Aktivitäten formuliert, die einen ersten Ansatz für das Veränderungskonzept bilden. Diese Aktivitäten können klein oder groß und sehr vielfältig sein. Entscheidend für Ihr weiteres Vorgehen zu diesem Zeitpunkt ist die Art der Aktivitäten. Je nach Umfang oder Auswirkungen der Aktivitäten kann es hilfreich sein, dafür ein Projekt oder Programm zu erstellen. Dabei lässt sich dann beispielsweise das Project Canvas oder Program Canvas gut einsetzen. Diese Instrumente bieten Ihnen Unterstützung bei der richtigen und geordneten Implementierung und Durchführung Ihrer Projekte und Programme. Beispiele sind die Implementierung eines neuen (IT-)Systems, die Erstellung eines Führungsentwicklungsprogramms oder eines Verhaltens- oder Kulturprogramms. Wir empfehlen Ihnen, das Project Canvas einzusetzen, wenn Prozess und Ergebnis relativ gut vorhersehbar sind. Je geringer die Vorhersehbarkeit wird, desto eher raten wir zum Einsatz des Program Canvas. Vielleicht stellen Sie bei der Diagnose fest, dass strategische Entscheidungen der Organisation nicht (mehr) zur Veränderung passen und zu Widersprüchen in Prioritäten und Verhaltensweisen in der Organisation führen. Möglicherweise wird eine Überarbeitung der Strategie erforderlich oder sogar das gesamte Geschäftsmodell der Organisation zur Diskussion gestellt. Der nächste Schritt sind dann weitere Überlegungen zu einem Strategieprozess, bei dem die dafür verfügbaren Methoden und Mittel genutzt werden können.

SIE KEHREN IMMER WIEDER ZUM CHANGE CANVAS ZURÜCK

Programme, Projekte oder Prozesse anderer Art, die sich aus der gewählten Vorgehensweise ergeben, bleiben stets Bestandteil der ganzheitlichen Veränderung. Ein ausgefülltes Business Model Canvas, ein Kommunikationsplan, ein Personalentwicklungsprogramm etc. führen immer wieder zu kleinen und großen Veränderungsfragen, die aus der weiten Perspektive des Change Managements betrachtet und gesteuert werden sollten. Somit kehren Sie immer wieder zum Change Canvas zurück.

WIE SIEHT DANN AUS PRAKTISCHER SICHT DER NÄCHSTE SCHRITT AUS?

ES IST WICHTIG, IMMER EINEN CHECK-OUT DURCHZUFÜHREN, WIE IN KAPITEL 3 BESCHRIEBEN, BEVOR MAN WIEDER AUSEINANDERGEHT. DADURCH ERFAHREN SIE, WIE ES GELAUFEN IST UND WAS MOMENTAN NÖTIG IST. DAMIT LÄSST SICH AUCH ÜBERPRÜFEN, OB SICH ALLE FÜR DAS ERZIELTE ERGEBNIS ENGAGIEREN KÖNNEN UND WISSEN, WAS SIE ZU TUN HABEN, SODASS SIE IM WEITEREN VERLAUF AUCH DARAUF ANGESPROCHEN WERDEN KÖNNEN. EINE ZWEITE CANVAS-SITZUNG KANN NÖTIG SEIN, UM DINGE ZU VERDEUTLICHEN, FRAGEN, DENEN NOCH NACHGEGANGEN WERDEN MUSS, ZU ERGÄNZEN ODER EINFACH AM CANVAS WEITERZUARBEITEN. WENN DIE CANVAS-SITZUNG ERGIBT, DASS FÜR BESTIMMTE AKTIVITÄTEN AUS DEM 4. SCHRITT EIN SEPARATES CANVAS ERFORDERLICH IST, SOLLTEN SIE GLEICH GEMEINSAM VEREINBAREN, WER DARAN ARBEITEN WIRD UND WIE ES BESTANDTEIL DER VERÄNDERUNG BLEIBT. KOMMEN SIE REGELMÄSSIG ZUSAMMEN, UM ZU EVALUIEREN, WIE ES UM DIE VERÄNDERUNG STEHT UND WELCHE ELEMENTE DES CHANGE CANVAS MÖGLICHERWEISE EINE AKTUALISIERUNG ERFORDERN ODER GERADE ANSTEHEN. SO BEHALTEN SIE DIE ENTWICKLUNGEN IM BLICK UND ARBEITEN DURCHDACHT AN DER VERÄNDERUNG!

7 Englische Fassung des Change Canvas

CHANGE CANVAS

Zur Unterstützung von international tätigen Beratern, Change Managern und Veränderungsteams haben wir eine englischsprachige Fassung des Change Canvas erstellt.

ChangeCanvas

organisation, department or team :
date :

STEP 1 IDEA

Why

Why this change?

What

What does this change imply?

STEP 2 CONTEXT

External developments: What environment or sector is the organisation, department or team operating in and what are the main developments in this environment or sector?

Internal developments: Which current activities within our organisation, department or team can potentially influence the change?

Stakeholders: Which persons and organisations do we minimally need to take into account to ensure sufficient support?

STEP 4 APPROACH

- Which aspects are you going to work on, and in what order?
- For each aspect, what will your actions be?

STEP 3 DIAGNOSIS

- What is our diagnosis?
- Does this diagnosis require adaption of the change idea?
- Does this diagnosis imply a familiar pattern or risk that requires additional attention when drafting the approach (step 4)?

RATIONALE + −

- Is the 'why' of the change solidly substantiated?
- Is the 'why' compelling?
- Is it clear what needs to be changed to accomplish the ultimate goal?

FOCUS + −

- Do previous (strategic) choices of the organisation contribute to the realisation of the change?
- Does the current organisational structure (governance, systems and processes) contribute to the realisation of the change?
- Are the current organisation's alues and the way people cooperate aligned with the change?

ENERGY + −

- Are current managers able to guide employees during the change?
- Is there enough support and are current employees capable of realising the change?
- Are sufficient resources (time, money, etc.) available to realise the change?

CONNECTION + −

- Is there a comprehensive plan (including phasing, responsibilities, approach and activities) to realise the change?
- Does this change align with other developments and initiatives within the organisation?
- Is communication concerning the changetimely and based on correct information?

EFFECT + −

- Is it clear which concrete results the change provides?
- Are the consequences (both positive and negative) for those involved taken into account?
- Are (preliminary) results of the change being monitored?

Quellen

Bower, J. L. (2000): The purpose of change: A commentary on Jensen and Senge. In: Beer M./Nohria N. (Hrsg.): Breaking the code of change. Boston, MA. Harvard Business School Press. S. 83–95.

Covey, S. R. (1992): Die sieben Wege zur Effektivität. Frankfurt/Main. Campus Verlag GmbH.

Drucker, P. F. (1994): The theory of the business. Harvard Business Review Classics, 72 (5), 95–104.

Have, S. ten/Have, W. D. ten (2004): Het Boek Verandering – Over het doordacht werken aan de organisatie. Amsterdam. Nieuwezijds.

Have, S. ten/Have, W. D. ten/Janssen, B. (2009): Het Veranderboek – Zeventig vragen van managers over organisatieverandering. Amsterdam. Mediawerf.

Have, S. ten/Have, W. D. ten/Huijsmans, A.-B./Eng, N. van der (2015): Change Competence. Implementing Effective Change. New York. Routledge – Zitatverweise entnommen aus der Originalfassung: Have, S. ten/Have, W. D. ten/Huijsmans, A.-B./Eng, N. van der (2013): Veranderkracht: Succesvol doelen realiseren. Amsterdam. Mediawerf.

Have, S. ten/Have, W. D. ten/Huijsmans, A.-B./Otto, M. (2016): Reconsidering Change Management. Applying Evidence-Based Insights in Change Management Practice. Abingdon. Routledge.

Have, W. ten/Huijsmans, A./Otto, M./Have, S. ten (2018): Verandermanagement veranderd. 18 kernideeën over verandermanagement getoetst. Amsterdam. Boom.

Johnson, G./Scholes, K. (1999): Exploring corporate strategy (fünfte Auflage). Hertfordshire. Prentice Europe.

Keuning, D./Wolters, M. J. J. (2007): Structuur doorzien: Over ontwerp van organisatiestructuren. Amsterdam. Prentice Hall.

Kor, R./Bos, J./Tak, T. van der (2018): Project Canvas – innovative Methoden für professionelles Projektmanagement. Stuttgart. Schäffer-Poeschel Verlag.

Kuipers, H./Amelsvoort, P. van/Kramer, E. H. (2010): Het nieuwe organiseren. Alternatieven voor de bureaucratie. Löwen/Den Haag. Acco.

Lint, J. de/Kraassenberg, Th./Benthem, R. (2017): Canvas Omgevingsmanagement – Samen goed voorbereid richting stakeholders. Deventer. Vakmedianet.

Mintzberg, H. (1991): Die Mintzberg-Struktur. Organisationen effektiver gestalten. Landsberg/Lech. Verlag moderne Industrie.

Shadish, W. R./Cook, T. D./Campbell, D. T. (2002): Experimental and quasi-experimental designs for generalized causal inference. Boston, MA: Wadsworth Cengage Learning.

Tak, T. van der/Prevaas, B./Cremer, H. (2016): Program Canvas – Samen naar de kern van je programma. Deventer. Vakmedianet.

Weiterführende Literatur

BEGRÜNDUNG

Borchert T./Vink, L. (2014): Marketing: modellen en berekeningen. Amsterdam. Peason Education NL.

Gallo, C. (2016): The storyteller's secret. New York, NY. St. Martin's Press.

Marijs, A. J./Hulleman, W. (2018): Analyse van de bedrijfsomgeving. Groningen. Noordhoff Uitgevers B.V.

Rijn, M. van/Burgt, R. van der (2012): Handboek Scenarioplanning. Deventer. Vakmedianet.

Sinek, S./Mead, D./Docker, P. (2017): Vind je waarom! Amsterdam. Business Contact.

Vermeylen, S. (2018): Werken met de SWOTanalyse. Brüssel. Scientific Publishers.

EFFEKT

Doeleman, H./Heumen, L. van/Diepenmaat, M. (2010): A3-methodiek. Deventer. Vakmedianet.

Dreimüller, A. (2002): Het ondernemingsplan en de balanced scorecard. Amsterdam. Academic Service.

Eck, M. van/Leenhouts, E. (2015): Businessplan op 1 A4. Amsterdam. Business Contact.

INK (2008): Introductie, inhoud en toepassing van het INK-managementmodel. Zaltbommel.

Stamsnijder, P. (2016): Stakeholdermanagement. Amsterdam. Boom Uitgevers Amsterdam.

FOKUS

Assen, M. van (2017): Lean Leiderschap. Amsterdam. Boom Uitgevers Amsterdam.

Bakker, R./Hardjono, T. (2013): Horizontaal organiseren. Deventer. Vakmedianet.

Bergman, M./Laan, T. van der/Nieuwenhuijse, S./Blijsie, J. (2016): Lean Six Sigma – Samenzinnig verbeteren. Soesterberg. LSSP.

Braun, D./Kramer, J. (2018): Corporate Tribe. Stuttgart. Schäffer-Poeschel Verlag.

Gerrickens, P./Verstege, M./Dun, Z. van (2003): Waarden- en Normenspel – Kwaliteitenspel. 's-Hertogenbosch. Gerrickens training & advies.

Hoogveld, M. (2016): Agile Managen. Culemborg. van Duuren Management.

Keuning, D./Wolters, M. (2007): Structuur doorzien. Amsterdam. Pearson Benelux.

Kouwenhoven, C. P. M./Hooft, P. L. R. M. van/Hoeksema, L. H. (2016): De praktijk van strategisch personeelsmanagement. Deventer. Vakmedianet.

Kuipers, H./Amelsvoort, P. van/Kramer, E. (2010): Het nieuwe organiseren. Löwen: Acco.

Mintzberg, H. (2013): Organisatiestructuren. Amsterdam. Pearson Benelux.

Nijssen, M. (2015): Organisatie Ontwerp Atelier. Deventer. Vakmedianet.

Osterwalder, A./Pigneur, Y. (2010): Business model canvas. Self-published. Last.

Treacy, M./Wiersema, F. (1997): Marktführerschaft. Wege zur Spitze. München. Heyne.

ENERGIE

Covey, S. (2010): De zeven eigenschappen van effectief leiderschap. Amsterdam. Business Contact.

Jolink, J./Korten, F./Verhiel T. (2010): Jongleren met talent. Schiedam. Scriptum.

Ruijters, M. (2016): Liefde voor leren. Deventer. Vakmedianet.

Wijchers, L./Berg, J. van den/Stel, A. (2018): Handboek Werving en Selectie. Deventer. Vakmedianet.

VERBINDUNG

Koeleman, H. (2013): Interne communicatie bij verandering. Amsterdam. Adfo Books.

Kor, R./Bos, J./Tak, T. van der (2016): Project Canvas Deventer. Vakmedianet.

Ruijters, M./Veldkamp, I. (2012): DRIE, vormgeven aan organisatieontwikkeling. Deventer. Vakmedianet.

Tak, T. van der/Prevaas, B./Cremer, H. (2016): Program Canvas. Deventer. Vakmedianet.

Informationen zu **TEN HAVE** Change Management

TEN HAVE Change Management ist ein auf Veränderungsmanagement spezialisiertes Beratungsunternehmen. Unser Wunsch ist es, in unserem Fach das Beste vom Besten zu bieten. So können wir unsere Auftraggeber bei der Umsetzung der von ihnen gewünschten Veränderung optimal unterstützen. Dazu verknüpfen wir die Träume, Ambitionen und Ziele der Organisationen und Menschen, mit denen wir arbeiten, auf einer optimalen Wissensgrundlage mit den besten verfügbaren Erkenntnissen und Ideen im Bereich Change Management. Wir übertragen eine scharfsinnige Diagnose in ein Konzept für einen Veränderungsprozess. Damit gestalten wir „Purposive Change“, eine durchdachte Veränderung. Dies ist ein unbedingt notwendiger Schritt zwischen Plan und Implementierung in der nachhaltigen Umsetzung von Organisationszielen.

Auf Grundlage unserer ganzheitlichen Betrachtung von Veränderung verknüpfen wir kontinuierlich Inhalt (die „harte" Seite) und Prozess (die „weiche" Seite) miteinander. In unseren Veränderungsprozessen wählen wir durchdacht und zielgerichtet in enger Zusammenarbeit mit unseren Auftraggebern die am besten passende Vorgehensweise. Die Ausgangsbasis bilden dabei eine gemeinsame Kursbestimmung und die Diagnose. Ist klar, warum eine Veränderung stattfinden soll? Was wird mit der Veränderung angestrebt? Reicht die in der Organisation vorhandene Veränderungsfähigkeit aus? Wir haben verschiedene Instrumente wie beispielsweise die digitale Messung der Veränderungskraft und das begehbare Veränderungskraft-Tuch entwickelt, um unser Modell und unsere Ideen für die Beteiligten wirklich greifbar zu machen. Teil dieses Instrumentariums ist nun auch das Change Canvas. Typisch für unseren Ansatz ist neben unserem großen Engagement für unsere Auftraggeber die evidenzbasierte Arbeit. Als „Scientific Practitioners" nutzen wir die besten und aktuellsten Erkenntnisse zum Thema Veränderung aus Fachgebieten wie Organisationslehre, Psychologie, (Change) Management und Unternehmenssteuerung, deren Wirksamkeit nachgewiesen wurde – wissenschaftlich und in der Praxis. Wir wissen, was sich im Bereich Change Management abspielt, und tragen mit unseren Veröffentlichungen intensiv zur Wissensentwicklung in unserem Fachgebiet bei.

Über die Autoren

Anne-Bregje Huijsmans ist Organisationsberaterin und leitet als Partnerin bei TEN HAVE Change Management das Tagesgeschäft. Sie studierte an der Universität Utrecht Sozialwissenschaften und machte einen Master in Soziologie (zu politischen und organisatorischen Themen). Seit 2006 ist sie bei TEN HAVE Change Management tätig.

Lisa van Rossum ist Organisationsberaterin. Sie machte ihren Master of Business Administration (Strategie und Organisation) an der Freien Universität Amsterdam. Seit 2013 ist sie bei TEN HAVE Change Management tätig.

Sjoerd Segijn ist Organisationsberater. Er machte seinen Master Urban & Regional Planning (öffentlich-private Kooperationen bei urbanen Transformationsprozessen) an der Universität Amsterdam. Seit 2014 ist er bei TEN HAVE Change Management tätig.

Kim Grinwis ist Organisationsberaterin. Sie studierte Hotelmanagement an der Fachhochschule Christelijke Hogeschool Noord-Nederland und Betriebswirtschaftslehre an der Erasmus-Universität Rotterdam. Sie machte einen Master in Management of Change und einen Executive Master Managing Consulting (EMMC). Nach ihrem Studium arbeitete sie sieben Jahre lang als Organisationsberaterin beim Beratungsunternehmen Twynstra Gudde. Seit 2013 ist sie bei TEN HAVE Change Management tätig.

Wouter ten Have ist Organisationsberater und Professor für Organisationsveränderung an der Freien Universität Amsterdam. Seit der Gründung 2004 ist er geschäftsführender Gesellschafter bei TEN HAVE Change Management. Nach Abschluss seines Wirtschaftsstudiums an der Freien Universität Amsterdam arbeitete Wouter ten Have beim Beratungsunternehmen Berenschot, wo er verschiedene Tätigkeiten ausübte und zuletzt Mitglied der Konzerngeschäftsführung war. Ferner ist Wouter ten Have als Aufsichtsrat bei Cito und der KwadrantGroep tätig.

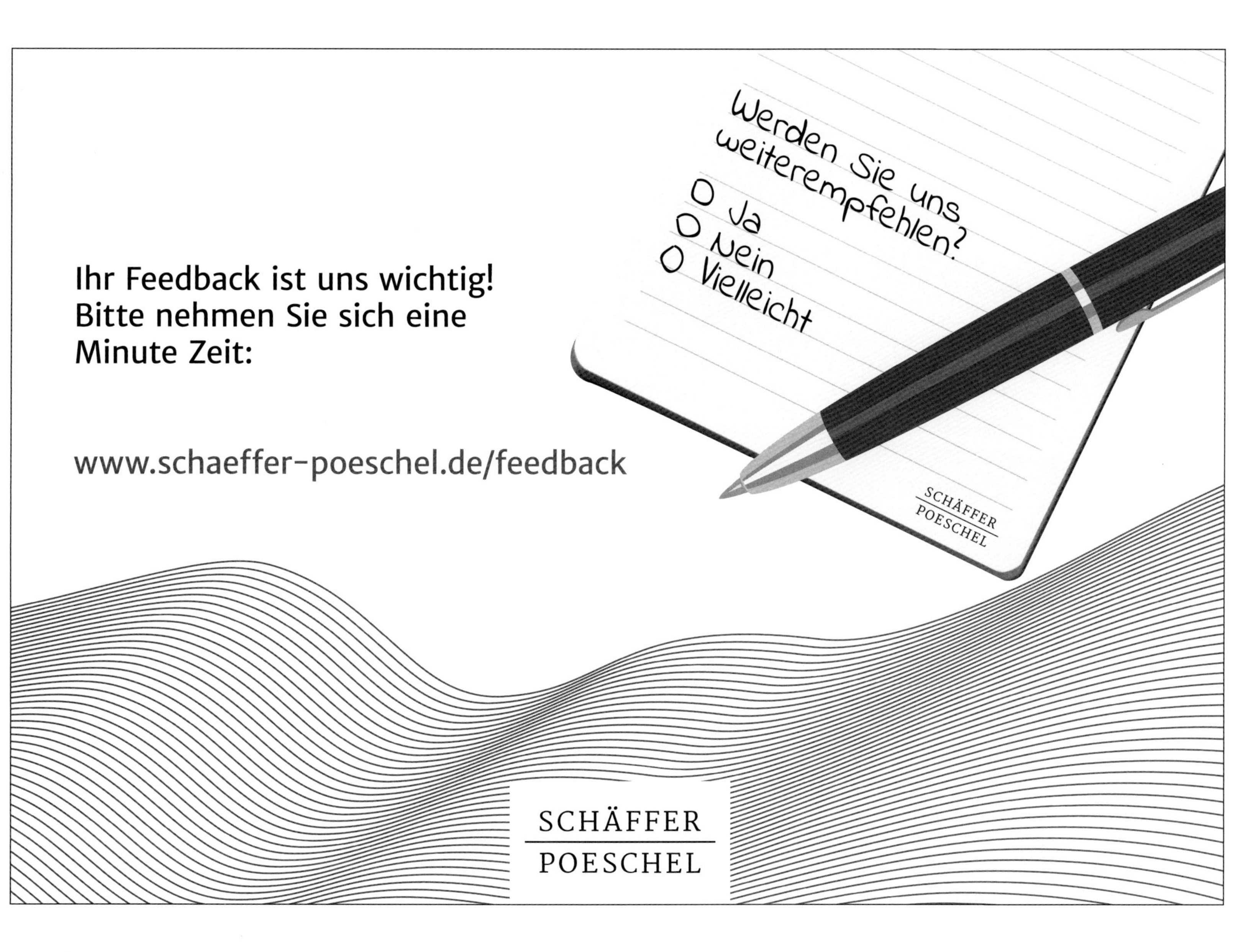

Ihr Feedback ist uns wichtig!
Bitte nehmen Sie sich eine
Minute Zeit:
www.schaeffer-poeschel.de/feedback
Werden Sie uns
weiterempfehlen?
O Ja
O Nein
O Vielleicht
SCHÄFFER
POESCHEL
SCHÄFFER
POESCHEL